식물학자가 산책하는 법

Original Japanese title:
SHOKUBUTSUGAKUSHA NO SANPOMICHI
© Masaki Tateno 2023
Original Japanese edition published by Kanjindo
Korean translation rights arranged with Kanjindo,
through The English Agency (Japan) Ltd. and Danny Hong Agency

이 책의 한국어판 저작권은 대니홍 에이전시를 통한 저작권사와의 독점 계약으로 브리드북스에 있습니다.
저작권법에 의해 한국 내에서 보호를 받는 저작물이므로 무단전재와 복제를 금합니다.

식물학자가 산책하는 법

100년 식물원에서 배운 자연의 언어
다테노 마사키 지음 · 주현정 옮김

브리드북스

프롤로그

어쩌다
닛코식물원장이
되었다

따뜻한 봄, 식물원은 겨울잠에서 깨어난다. 초봄의 꽃이 일제히 피기 시작하고, 나날이 강해지는 햇살 속에서 신록이 반짝인다. 여름의 녹음과 가을의 단풍으로 계절이 분주히 지나간다. 그리고 다시 찾아온 12월, 내가 근무하는 닛코식물원은 겨울잠에 들어간다. 겨울의 고요함 속에서 닛코의 산줄기로부터 연구실에까지 다다른 바람 소리, 지붕에서 떨어지는 눈 소리, 난로의 불꽃 튀는 소리 등 모든 것이 반갑고 따스하다.

난로를 쬐며 어린 시절을 떠올려본다. 당시 우리 집 논에는 미꾸라지와 메뚜기가 많아, 매일 아침 일찍 일어나 그것들을 잡곤 했다. 하지만 식물에는 흥미가 없어서 닛코식물원에 소풍을 간 기억조차 희미하다. 당연히 내가 장차 이곳에서 일하게 될 거라고는 상상조차 하지 못했다.

전환점은 중학생 때 찾아왔다. 어쩌다 작은 너도밤나무 묘목을 사게 되었다. 음지에서도 잘 자란다는 말을 믿고 단풍나무 아래 심었지만, 기대와 달리 좀처럼 자라지 않았다. 기다리다 지쳐서 밝은 장소로 옮겨 심어보았더니 금세 자라기 시작했다. 30년이 지나 너도밤나무는 마침내 크게 자랐다. 그러나 해충 피해로 말라 죽고 말았다. 실제로 키워본 후에야 너도밤나무는 밝은 장소를 좋아하며 기온이 높은 평지에서는 해충 때문에 단명한다는 사실을 알게 되었다. 우연히 샀던 작은 너도밤나무가 오늘의 나를 만들었는지도 모른다.

대학원을 나와 여러 직장을 전전한 후에 운 좋게도 닛코식물원에 일자리를 구할 수 있었다. 이곳은 도쿄대학 부속 시설로 다양한 한랭지 식물을 재배하고 있다. 식물이 2,500종이나 있으니 연구 재료는 충분하다. 게다가 한 걸

음만 밖으로 나가면 어렸을 때부터 친숙한 닛코국립공원의 산들을 연구실로 삼을 수 있다. 이곳에서는 날마다 무언가 새로운 일이 일어난다. 부임한 지 25년이 지났는데도 질리지 않는다.

이곳에서 경험한 일을 많은 분께 들려주고 싶다. 그런 마음으로 지금까지 써온 에세이가 『식물학자가 산책하는 법』이라는 제목으로 나오게 되었다. 내가 어린 시절에 경험했던 소소한 이야기도 함께 담았다. 이 책을 통해 식물의 삶이 얼마나 멋진지를 아주 조금이라도 전하고 싶다.

다테노 마사키

차례

프롤로그 어쩌다 닛코식물원장이 되었다 … 4

겨울

전나무가 쓰러졌다 |전나무| … 13
신령님이라 부르며 두 손을 모은다 |주목| … 17
숲의 순환 |상록수| … 21
잎의 수명이 들려주는 이야기 |나한백| … 25
물은 어쩌지, 잭과 콩나무 |레드우드| … 29
단풍이 들지 않는 낙엽수 |사방오리| … 33
유연한 나무, 단단한 대나무 |대나무| … 37
가지 위에 피어난 생명 |겨우살이| … 42
옆으로 자라는 서릿발 |시모바시라| … 45

봄

유채꽃이 피었다 |유채| … 51
향과 술은 산문을 넘지 못한다 |산마늘| … 55
성급한 물파초 |물파초| … 59
봄을 기다리는 꽃잎의 자세 |로제트| … 63
겹벚꽃, 홑벚꽃 |벚꽃| … 67
산수레나무의 격세유전 |산수레나무| … 71
질소고정 식물의 성쇠 |물오리나무| … 75
절도 있는 기생 |쇼키란| … 79
뿌리 없이 공중에 산다 |에어 플랜트 1| … 83
에어 플랜트, 그 후 |에어 플랜트 2| … 86

여름

벼락이 할퀸 흔적 | 삼나무 | … 93

짜증쟁이, 그 이름의 비밀 | 물봉선 | … 97

빨간색 열매의 달콤한 유혹 | 점박이천남성 | … 100

이름도 모르는 먼 섬으로부터 | 맹그로브 | … 104

타잔의 덩굴 | 덩굴 식물 | … 108

부유하는 식물 | 개구리밥 | … 112

야리가타케를 다시 찾다 | 색단초 | … 116

우바유리와 꽁치의 생존 전략 | 우바유리 | … 120

인도 아대륙이라는 배를 타고 | 도쿠쓰기 | … 124

고신초의 보전 | 고신초 | … 128

가을

감 전쟁 | 감나무 | … 133

피의 너털웃음 | 피 | … 137

나무뿌리와 걸리버의 머리카락 | 물참나무 | … 141

나뭇가지의 독립자존 | 단풍나무 | … 145

너도밤나무 열매의 미래 | 너도밤나무 1 | … 149

구부러진 뿌리 | 너도밤나무 2 | … 153

4년째의 너도밤나무 | 너도밤나무 3 | … 157

아시아인, 다시 너도밤나무를 만나다
　　　　　　　　　　　| 너도밤나무 4 | … 161

상처를 치료하다 | 일본잎갈나무 | … 167

날개가 하나인 헬리콥터 | 단풍나무 | … 171

악당이라는 누명 | 양미역취 | … 174

'시드는 여름'의 의미 | 투구꽃 | … 177

계절 밖의 이야기

목재로 알 수 있는 식생 ···183
사바나와 목장 ···187
수렵채집인과 야생 동식물 ···190
풀의 고향 ···194
동물의 수명, 식물의 수명 ···198
완벽을 향한 열망과 박물학 ···202
뇌가 없어도 ···207
식물의 눈 ···210
침식은 막을 수 없다 ···213
젊은 산 ···217
가지를 만드는 방법은 ···220
충영과 IPS 세포 ···224
눈 아래 적, 머리 위 위협 ···227
반달가슴곰의 잡다한 재주 ···230
사치스러운 고민 ···234
오그라드는 세포 ···237
태양광 발전과 식물의 잎 ···240
불모의 바다, 풍요의 바다, 죽음의 바다 ···243
일왕의 밤나무 ···248

에필로그가 없는 이야기 ···252

겨울

전나무가
쓰러졌다

전나무

해발 650미터에 자리한 닛코식물원 주변은 원래 전나무 (Abies firma)가 우거진 숲이었다. 그 흔적처럼 지금도 식물원 곳곳에 커다란 전나무 몇 그루가 남아 있다.

몇 년 전 2월, 북풍이 강하게 부는 밤에 그 전나무 중 한 그루가 쓰러졌다. 담당자는 뒤처리에 들어가는 돈을 어떻게 마련할지 고민했지만 나는 좋은 기회라고 생각했다. 업자를 불러 줄기를 자르게 한 뒤 나이테를 세어보았다. 수령은 130년 정도로 생각보다는 젊었는데 1902년에 문을 연 닛코식물원보다는 30년 정도 더 오래되었다.

그 나이테는 발아 후 30년쯤부터 한 번에 넓어졌다. 식

쓰러진 커다란 전나무는 나이테 측정 대상이 되어 마지막 봉사를 했다. 사실은 이때 처음으로 전나무 목재의 냄새를 맡았다. 편백처럼 은은한 향이 나는 줄 알았지만, 한마디로 말해 고약했다. 전나무밖에 없다면 몰라도 삼나무나 편백을 구할 수 있다면 전나무는 사양하고 싶다.

물원이 생기면서 주위의 나무가 잘려 나간 덕분에 빛을 많이 받았기 때문으로 보인다. 주위가 밝아지면 성장이 빨라지는 것이다.

　나이테는 나무가 살아온 시대를 잘 보여준다. 기상 조건이 좋은 시대에는 나이테의 폭이 넓어지고, 나쁘면 그 반대다. 이런 성질을 이용해서 나무가 살던 시대를 결정하는 것이 나이테연대측정법이다. 이 측정법에 따라 건축물이 세워진 시기도 알아낼 수 있다. 호류지, 도쇼다이지와 같은 사찰도 이 방법으로 건립 시기를 파악했다. 그러나 이번에 쓰러진 전나무처럼 자라는 동안 주위가 갑자기 밝아지거나 어두워지면 이 방법을 사용할 수 없다.

　또한 나이테를 통해 다양한 정보를 얻을 수 있는 것은 온대 지역뿐이다. 일본처럼 사계절이 뚜렷한 온대 지역에서는 겨울에 줄기의 성장이 멈추기 때문에 1년 동안 계절마다 성장 폭에 차이가 생겨 나이테가 만들어진다. 그러나 열대우림처럼 1년 내내 줄기가 성장하는 환경에서는 나이테를 볼 수 없어서 나이테연대측정법을 사용하지 못해 나무의 수령을 알 수 없다. 이처럼 사계절은 계절의 즐거움을 제공해줄 뿐만 아니라 연구에도 도움을 준다.

전나무가 쓰러지자 어두웠던 나무 밑이 밝아지며 그 자리에서 다양한 식물이 자라기 시작했다. 앞으로 어떤 숲이 만들어질까? 지금은 가장 먼저 자라기 시작한 나무딸기가 밭을 이루고 있지만, 그 곁에 어린 전나무들도 무럭무럭 자라고 있다. 한동안은 나무딸기를 마음껏 따 먹으며 조용히 숲의 변화를 지켜볼 생각이다.

신령님이라 부르며
　　　두 손을
　　　　　모은다

주목

　주목(Taxus cuspidata)은 '신령님의 나무'라고 불리기도 하는 상록침엽수다. 아름답고 가공하기 쉬운 목재라서 오래전부터 이용되었다. 고대의 고관들이 의복을 갖추고 오른손에 들었던 홀(笏)에도 사용되었다고 한다. 기후현 다카야마에는 이치이 잇토보리(一位一刀彫, 주목 고유의 색과 결을 살린 목각 공예품-옮긴이)가 있다. 주목을 一位(1위. 주목의 일본어 '이치이'와 발음이 같다-옮긴이)라고 쓰는 이유는 주목의 어원이 계급의 최상위를 뜻하기 때문인 듯하다.

　최근에는 항암 효과로도 주목받고 있다. 주목에 함유된 파클리탁셀(paclitaxel)이라는 물질이 유방암에 효과가 있다.

작은 주목 열매는 새가 그대로 삼키기에 적당하다. 닛코에서 자란 사람에게 물어보니 주목 열매는 아이들 간식이었다고 한다. 새들에게는 귀찮은 경쟁자다.

파클리탁셀은 물질의 일반명이고 택솔이라는 약품명으로 잘 알려져 있다. 신앙심과는 인연이 없는 나도 정일품 주목 신령님이라고 부르며 두 손을 모아 조용히 기도한다. 주목은 홀의 시대로부터 천년을 지나 명실공히 1위가 되었다.

파클리탁셀을 조사해보니 이것은 사실 주목이 아니라 나무껍질에 핀 곰팡이에서 만들어진다고 한다. 그렇다면 도대체 무엇 때문에?

파클리탁셀은 암세포뿐만 아니라 모든 세포의 분열을 억제하는 물질로 알려져 있다. 어쩌면 경쟁하는 곰팡이의 증식을 막는 것이 본래의 역할인지도 모른다. 그렇다면 파클리탁셀은 효과가 천천히 나타나는 지효성(遲效性) 항생물질이라 할 수 있다.

식물은 스스로 다양한 물질을 만들어낸다. 그중에는 이차대사 산물이라 불리는 특수한 물질도 포함되는데, 이들 중 일부는 외부의 위협으로부터 자신을 보호하기 위한 방어물질, 즉 '독'이 되기도 한다.

주목도 독을 만든다. 애거사 크리스티의 추리소설 『주머니 속의 호밀』에서는 주목에 함유된 택신(taxine)이라는 독이 나온다. 이런 식물이 만들어내는 독은 즉각적으로 효과를 발휘한다. 모처럼 독을 만들었는데 줄기를 다 파먹힌 다음에 효과가 나타난다면, 소 잃고 외양간 고치는 격이기 때문이다. 택신과 마찬가지로 숙성되지 않은 매실에 포함된 청산가리(사이안화수소)도 즉시 독성을 발휘한다.

새가 흩뿌리는 주목의 열매는 빨갛게 익으면 달고 맛있다. 속에 든 씨앗에는 독이 있어도 바깥쪽의 달콤한 부분에는 독이 없다. 이빨이 없는 새는 열매를 그대로 삼키기 때문에 씨앗에 독이 있어도 아무렇지 않다.

숲의 순환

상록수

상록(常綠)은 상록수 잎의 짙은 초록색을 가리킨다. 상록수 잎은 수명이 10년에 이르기도 한다. 한 장의 잎을 오래도록 유지하려면 구조가 튼튼해야 하므로 잎은 두꺼워지고, 이로 인해 짙은 초록색이 된다.

상록수는 1년 내내 잎을 달고 있으니 낙엽수보다도 성장이 빠르지 않을까. 그러나 실제로는 공원과 같은 넓게 트인 환경에서조차 상록수의 성장은 낙엽수보다도 느린 편이다.

낙엽수 잎은 수명이 짧아서 튼튼할 필요가 없다. 낙엽수는 내구성이 없는 얇은 잎을 많이 만들어서 상록수보다도

낙엽수림의 삼림 지면에서 자라는 어린 전나무. 빛을 축적하는 시기는 주로 낙엽수 잎이 떨어져 주변이 밝아지는 가을부터 이듬해 봄까지다.

넓은 범위에서 빛을 모은다. 따라서 낙엽수는 1년에 절반밖에 광합성을 하지 못해도 상록수보다도 연간 광합성량은 더 많다.

그렇다면 상록수의 늘 푸른 잎은 어떤 의미일까? 일본의 낙엽수림에서 자라는 상록수는 한겨울 삼림 지면의 밝기를 충분히 활용한다. 여름에는 낙엽수림이 짙은 그늘을 만들지만, 겨울이 되면 낙엽이 떨어져 지면이 훨씬 밝아진다. 어린 상록수는 이 밝은 겨울 햇빛을 받아 광합성을 계속하며 성장한다.

한편 낙엽수림의 삼림 지면에서 자라는 어린 낙엽수는 겨울에 잎이 떨어지므로 겨울철 햇빛을 이용하지 못하고 좀처럼 성장하지 못한다. 오히려 낙엽수림에서 자라는 상록수가 마침내 낙엽수 대신 숲의 주인공이 된다.

불교에서 쓰는 성자필쇠(盛者必衰)라는 말이 삼림에서도 통한다. 융성하는 것은 결국 쇠퇴한다는 의미다. 주인공이 된 상록수도 언젠가는 시든다. 상록수가 쓰러진 삼림 지면은 1년 내내 밝아지고 이번에는 낙엽수가 그 자리에서 왕성하게 성장한다. 이런 식으로 낙엽수→ 상록수→ 낙엽수라는 숲의 순환이 완성된다.

낙엽수와 상록수 사이에 치열한 경쟁은 없다. 낙엽수는 낙엽수끼리, 상록수는 상록수끼리 경쟁을 벌인다. 같은 종류이기 때문에 경쟁이 치열해지는 것이다.

몇 년 전에 선진국을 대상으로 한 성인 학력 조사 결과가 발표되었다. 예상대로 일본은 1위였다. 능력 있는 사람들이 비슷한 방식으로 살아가는 일본. 경쟁이 치열해질 수밖에 없다.

잎의 수명이
들려주는
이야기

나한백

일본처럼 사계절이 분명한 온대 지역에서는 겨울에 잎이 떨어지는 낙엽수와 1년 내내 잎을 달고 있는 상록수가 혼재한다. 상록수는 낙엽수의 삼림 지면에서 가을부터 봄에 걸쳐 광합성을 할 수 있으므로 낙엽수 아래에서 착실히 성장한다. 상록수라 하여 모두 같은 부류로 묶을 수는 없다. 겉은 비슷해 보여도, 그 속을 들여다보면 사정은 다르다. 잎이 가지에 달려 있는 기간, 즉 잎의 수명이 종마다 제각기 다르기 때문이다.

녹나무(*Camphora officinarum*)는 봄에 새잎이 나오는 동시에 낙엽이 진다. 녹나무 잎의 수명은 1년이다. 그 반대편에 있

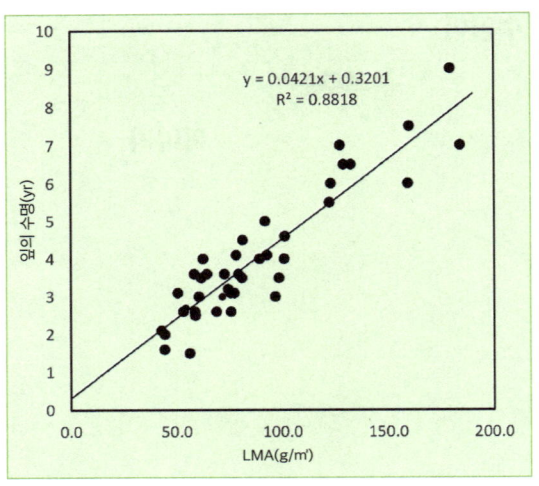

상록수 잎의 두께와 수명과의 관계. LMA는 1제곱미터의 잎을 만들기 위해 필요한 유기물의 양이다. 이 양이 많으면 잎이 두꺼워지고 잎의 수명도 길어진다. 이 관계는 오키나와를 비롯한 일본에서도, 칠레에서도 같았다.

는 것이 나한백이다. 편백나무와 같은 과인 나한백(*Thujopsis dolabrata*)은 특히 북일본 산지에 많이 분포하고, 잎의 수명은 9년이나 된다. 전나무는 7년, 동백나무는 4년, 가시나무류는 3년 정도로 녹나무와 나한백 사이에 잎의 수명이 다른 다양한 종이 존재한다.

잎의 두께도 다양하다. 쉽게 말하면 두께지만 실제로는 잎을 만드는 데 필요한 단위 면적당 유기물의 양을 뜻한다. 그리고 잎의 수명과 잎의 두께는 깊은 관계가 있다. 잎은 수명이 짧은 만큼 얇고, 긴 만큼 두껍다. 바람 같은 물리적 부하와 해충의 피해를 견디며 오랫동안 살아남기 위해서는, 잎이 두껍고 견고해야 한다.

여기서 다음과 같은 의문이 생긴다. 잎의 수명이 다르면 그 생존 전략에는 어떤 차이가 있을까? 실제로 조사해서 이런 의문에 답하려면 오랜 시간이 걸린다. 그래서 어떤 차이가 있는지 이론적으로 분석해보기로 했다.

잎이 얇고 잎의 수명이 짧은 종은 밝은 환경에서 빠르게 성장한다는 장점이 있다. 같은 양의 유기물로 만든다면 잎의 두께가 얇은 편이 잎의 면적을 넓게 만들 수 있다. 하지만 빛을 효율적으로 포착해서 빠르게 성장할 수 있다. 하지만 일시적으로 매우 어두워진 환경에는 쉽게 적응하지 못한다. 실생묘(實生苗, 씨에서 싹이 터서 자란 어린 식물-옮긴이)에 낙엽이 덮이면 이 낙엽이 날아가거나 분해될 때까지 몇 년 동안이나 잎은 거의 광합성을 하지 못한다. 1년 만에 잎이 지는 나무라면 한동안 광합성을 하지 못해 아마 말라 죽고 말 것이다.

잎이 두껍고 수명이 긴 나무일수록 정반대의 특성을 보인다. 햇빛이 가득한 곳에서도 성장 속도는 느리지만, 빛이 부족한 환경이 몇 해 이어져도 그 시간을 묵묵히 견디며 살아남는다. 잎이 떨어지지 않으므로 상황이 좋아지면 바로 광합성을 할 수 있다.

에도 시대에 쓰가루나 마쓰마에 지역에서는 아오모리 나한백을 재목으로 사용했다. 긴 수명을 가진 나한백류는 성장이 느려서 기둥으로 사용하기까지 오랜 세월이 걸렸을 것이다. 닛코식물원의 나한백도 성장이 매우 느리다. 그에 비해 삼나무는 잎의 수명이 3년 정도로 나한백보다도 훨씬 짧다. 그만큼 성장은 더 빠르다. 삼나무가 자랄 수 있는 환경이라면 삼나무를 심는 편이 효율적이다. 그래서 삼나무가 인공삼림의 주역이 되었을 것이다. 잎의 수명은 여러 가지 사실을 알려준다.

물은 어쩌지,
잭과 콩나무

레드우드

콩 넝쿨이 구름 위까지 뻗어 나가는 동화 『잭과 콩나무』. 이 콩나무가 어떻게 구름 위까지 물을 끌어 올리는지 그 원리에 몰두하기 시작하자 밤에도 좀처럼 잠을 이룰 수가 없었다. 원래 상상 속 이야기니 개그 소재쯤으로 치부하고 웃고 즐기면 그만이다. 하지만 만약 그것이 현실이라면 그저 웃어넘길 일이 아니다.

미국 서해안에 분포하는 레드우드(*Sequoia sempervirens*)는 높이가 100미터 넘게 자란다. 일본에서 키가 가장 큰 수종은 삼나무이며, 60미터가 넘는다. 이렇게 키가 큰 나무가 어떻게 물을 우듬지까지 보내는지 묻기라도 한다면 대답

레드우드는 높이 100미터가 넘는 나무 꼭대기까지 물을 끌어 올린다. 이것은 생물학의 수수께끼 중 하나다. 물은 10미터 이상 빨아올리지 못한다는 물리적 제약이 있기 때문이다. 식물은 오랜 시행착오 끝에 그 회피 방법을 발견했거나, 아니면 진화 초기부터 우연히 그 방법이 완성되어 있었는지도 모른다.

하기가 참 곤란하다. 왜냐하면 물리학 이론과 현실이 서로 어긋나기 때문이다.

식물은 높이 100미터가 넘는 곳에 있는 잎까지 물을 빨아올린다. 그러나 이것은 물리학적으로 불가능해 보이는 현상이다. 펌프를 이용해서 물을 빨아올린다면 10미터 높이가 한계이기 때문이다. 그 이상 끌어 올리려고 하면 상부에 진공이 생겨서 물은 올라가지 않는다. 승부는 물 분자가 뭉치려는 능력(응집력)의 한계에 따라 결정된다.

그런데 고층 건물의 최상층에서도 물을 사용하는데, 그렇다면 어떻게 물이 그 높은 곳까지 올라가는지 의문이 들 수도 있다. 이런 건물에서는 아래에서 밀어 올려 물을 높은 곳까지 운반한다. 그러나 식물은 기본적으로 빨아올릴 수밖에 없다. 바로 이 부분이 문제다. 모세관 현상으로 물이 올라갈 가능성도 있지만 그것으로는 필요한 양에 도저히 미치지 못한다. 식물은 물을 아주 많이 소비하기 때문이다. 도쿄 부근에서는 강수량의 절반을 식물이 빨아들인다. 이만한 양을 모세관 현상으로 공급하기는 불가능하다.

생물도 물리 법칙의 범위에서 살아간다. 물리 법칙에 어긋나지 않고 물을 빨아올리는 원리가 무엇인지에 대해 오래 생각한 끝에 일단 조용히 실험을 해보기로 했다. 물을 끌어 올리는 원리를 연구한다고 공언하면 "그 녀석도 이제 늙었나 봐"라는 소리를 들을지도 모르기 때문이다.

최근에 30미터 정도까지는 물을 빨아올릴 수 있는 장치를 만들었다. 단순한 방법인데 그저 펌프로 빨아올리는 것뿐이다. 이 방법이라면 물리 법칙에 어긋나지 않으면서 이론적으로 100미터 높이까지도 물을 빨아올릴 수 있다. 아마 잭이 올라간 콩나무에서도 충분히 가능했을 것이다. 연구실 대학원생들에게 확인받은 후에 학부생 앞에서도 공개 실험을 했다. 10미터 넘게 물을 빨아올릴 수 있다는 사실은 틀림없다. 그러나 그것을 물리학적인 언어로 표현하지는 못했다. 오히려 모세관 현상을 이용하지 않았다는 사실이 중요한데…….

게다가 이것이 실제로 식물에서 작동하는지 테스트해봐야 하지만, 키가 큰 나무에서는 물의 움직임을 눈으로 확인하기 어렵다. 줄기가 불투명하기 때문이다. 덩굴성 초본식물이라면 추정할 수 있을지도 모른다. 올해 여주(*Momordica charantia*)를 사용해서 테스트를 시작했다.

식물 테스트는 외부의 도움 없이 할 수 있다. 그러나 물리학적인 부분은 다른 사람에게 부탁할 수밖에 없다. 능력이 모자란다는 점을 통감하면서도 두근거림이 멈추지 않는 것도 사실이다. 그래서 연구를 멈출 수가 없다.

단풍이 들지 않는 낙엽수

사방오리

내가 대학원생이었을 무렵, 도쿄대학 이학부 2호관 남쪽에 사방오리(Alnus firma)가 자랐다. 사방오리는 자작나무과의 낙엽수로, 공생하는 방선균(放線菌)이 공기 중의 질소를 고정(식물이 이용할 수 있는 형태로 변환)해준다. 그래서 사력지(沙礫地, 자갈이 많이 깔린 땅-옮긴이)처럼 질소가 적은 메마른 땅에서도 자랄 수 있다. 이 사방오리는 조교인 마루타 씨가 후지산에서 채취해 온 것이다.

가을이 되면 많은 낙엽수가 잎에 포함된 질소를 가지나 줄기로 회수한다. 다음 해에 다시 이용하기 위해서다. 녹색 엽록소도 회수된다. 회수가 끝난 잎은 녹색을 잃어버리

도쿄대학 이학부 2호관 남쪽에서 촬영한 2월의 사방오리. 한겨울에도 녹색 잎이 남아 있다.

고 빨간색이나 노란색으로 변한다. 질소 회수가 단풍을 만드는 것이다. 신기하게도 2호관에 있는 사방오리는 한겨울까지 녹색 잎을 달고 있다. 한랭한 자생지에서는 11월쯤에 잎이 떨어지지만, 그때도 낙엽이 질 때까지 잎은 녹색 그대로이다.

사방오리가 단풍이 들지 않는 이유, 즉 질소를 회수하지 않는 것은 다음과 같다고 알려져 있다. 스스로 질소고정을 할 수 있어서 질소를 회수하지 않아도 괜찮다는 것이다. 그러나 질소고정에는 에너지가 많이 든다. 만약 질소를 회수하지 않고 버린다면 고정하느라 사용한 에너지를 낭비하는 셈이다. 그렇다면 어째서 회수하지 않는 것일까.

답은 녹색 잎에 있었다. 질소고정을 하지 않는 일반적인 낙엽수들이 단풍이 진 뒤에는 활동을 멈추지만, 사방오리의 녹색 잎은 광합성을 계속한다. 더 오래 광합성을 지속하는 동안 사방오리는 질소고정에 사용한 에너지보다 더 많은 에너지를 얻을 수 있다. 따라서 질소를 회수하지 않는다.

사방오리의 잎도 한파에는 약해서 최저 기온이 영하로 내려가면 괴사하며 낙엽이 진다. 닛코처럼 한랭한 곳에서는 일반 낙엽수보다 1개월 정도 광합성을 지속할 수 있다. 그런데 따뜻한 도쿄에서는 2월이 되어도 여전히 녹색 잎을 달고 있다. 3월에는 새싹이 움틀 준비를 하므로 거의 상록수나 마찬가지다.

이학부 2호관의 사방오리는 이 연구가 논문으로 나오기 직전에 잘려 나가고 말았다.

유연한 나무,
단단한 대나무

대나무

　우타가와 히로시게(1797~1858, 에도 시대 말기의 우키요에 화가-옮긴이)의 화첩 『도카이도 53역의 풍경(東海道五十三次)』에는 비 오는 모습을 담은 작품이 유독 많다. 그중에서도 가장 유명한 것은 미에현의 쇼노(庄野)를 그린 그림일 것이다. 강풍을 동반한 소나기에 휘말린 나그네들이 주인공인데, 내 눈에는 멀리 희미하게 보이는 대나무가 또 하나의 주인공으로 다가온다. 어린 시절 이 대나무를 보고 "대나무는 유연해서 아무리 세찬 바람에도 부러질 것 같지 않아"라고 막연히 믿어왔다. 하지만 최근에 이 직감이 완전히 깨져버렸다.

　줄기가 경사면을 따라 아래로 자라면 눈의 하중으로 부

우타가와 히로시게의 쇼노. 멀리 있는 대나무가 거센 비바람에 크게 휘었다. 대나무는 얼핏 유연해 보이지만 사실은 그렇지 않다.

러지지는 않는다. 이를 뒷받침하기 위해 실제로 눈이 줄기에 가하는 하중이 얼마나 되는지 직접 측정해보았다.

막대기를 구부리면 바깥쪽이 늘어나고 안쪽은 압축된다. 이것을 변형이라고 한다. 측정 결과, 눈에 눌린 나무의 줄기는 예상을 훨씬 뛰어넘는 변형을 보였다. 그런데도 부러지지 않는 이유는 무엇일까? 궁금해지기 시작하면 그 원리를 알고 싶은 것이 연구자의 본성이다.

변형을 다루는 재료 역학에서는 구부러짐에 의해 늘어난 변형과 압축된 변형이 같다고 가정한다. 바깥쪽이 1밀리미터 늘어나면 안쪽은 1밀리미터 압축된다는 말이다. 나무줄기를 완전히 건조하면 이런 대칭적인 변형이 생기지만, 수분을 많이 함유한 살아 있는 나무줄기의 변형은 그렇지 않았다.

바깥쪽이 늘어나는 정도에 비해, 안쪽이 압축되는 정도가 이상하게 컸다. 그 덕분에 바깥쪽에 있는 섬유는 끊어지지 않고 줄기는 크게 휘어도 부러지지 않는다. 아마도 줄기 내부에 있는 섬유들 사이에 수분이 있어서 섬유 하나하나가 자유롭게 응축할 수 있는 듯하다. 실은 잡아당기는 방향으로는 변형되기 어렵지만, 쉽게 오그라든다. 이것과 마찬가지다.

닛코식물원에서는 다양한 목본을 재배하고 있다. 식물원에 있는 침엽수와 활엽수를 포함해 총 40종의 줄기 변형을 측정하고 각 종의 특징을 분석해보기로 했다. 대나무의 대표로 이대(Pseudosasa japonica)를 선택해 측정에 사용했다.

침엽수에는 매우 유연한 종류가 많은데, 바람이나 눈의 부하를 견뎌낼 수 있도록 진화한 것 같다. 특히 눈잣나무(Pinus pumila)로 대표되는 다설지(多雪地)의 침엽수가 보여준 유연함에는 깜짝 놀랐다. 생각해보면 눈에 눌린 채로 겨울을 나야 하므로 당연한 일인지도 모른다.

활엽수는 좀 더 단단하고, 부하를 받아넘기면서도 저항하는 듯한 종류가 많이 보였다. 의외로 다설지에 많은 너도밤나무는 부드럽지 않다. 너도밤나무가 다설지의 급경사면에서 크게 자랄 수 없는 이유는 눈의 부하를 받아넘길 수 없기 때문일 것이다. 실제로 경사면에서는 부러진 개체를 종종 발견할 수 있다.

그러면 이제 문제의 대나무를 살펴보자. 변형의 저항성 지표인 영률(Young's modulus, 탄성계수-옮긴이)은 다른 수종보다 매우 크다. 그러나 유연성은 매우 작았다. 공업 재료로 말하자면 유리와 비슷하다. 단단하고 잘 구부러지지 않지만, 일정한 부하를 넘기는 순간 부러지고 만다. 어렸을 때의 직감은 결국 틀린 것이었다.

그렇다면 대나무는 어떤 전략으로 살아갈까? 줄기 속이 빈 대나무는 적은 자원으로 높은 위치에 잎을 펼친다. 이런 장점을 살려 빛을 차지하기 위한 다른 목본과의 경쟁에서 이기고 매우 빠르게 분포를 확대한다. 그래서 죽순대(*Phyllostachys edulis*)는 일본의 남서부에서 세력을 확대하고 있다. 그런가 하면, 강풍이나 습설(濕雪)과 같은 하중에는 견디지 못하고 부러져버린다. 2019년에 보소(房総)를 덮친 태풍으로 죽순대가 큰 피해를 봤다.

이것도 식물의 삶이 보여주는 트레이드오프(trade-off)의 한 예다. 생물의 성질에는 언제나 장점과 단점이 서로 이웃한다. 무언가를 얻으면 무엇인가를 감수해야 하는 법이다.

가지 위에
피어난
생명

겨우살이

 단풍철이면 닛코의 이로하 고개는 정체가 매우 심해서 겨우 몇 킬로미터를 가는 데 몇 시간이 걸리기도 한다.

 초등학생 시절 어느 가을, 내가 탄 버스가 정체에 휘말려 승객들이 짜증을 내기 시작했다. 그럴 땐 창밖을 바라볼 수밖에 없는데, 어린이에게 단풍 구경이 그리 재미있을 리 없다. 그 순간 눈길을 끄는 신기한 무언가가 보였다. 나뭇가지에 커다란 밤송이처럼 생긴 것이 매달려 있었다. 나는 순진하게도 "커다란 밤송이잖아"라며 큰 소리를 내고 말았다. 순식간에 버스 안에서 웃음이 터져 나왔고 딱딱하던 분위기가 단숨에 부드러워졌다. 그 밤송이가 기생목(寄生

초)이라고도 불리는 겨우살이(*Viscum album*)였다.

닛코에 부임했을 때 그 겨우살이를 찾아보려 했지만, 도저히 찾을 수가 없었다. 겨우살이의 일생이 어떻게 끝나는지 더 궁금해졌다. 어느 스키장 주변을 찾아보니 자작나무(*Betula platyphylla*)에 달라붙어 있는 겨우살이 중에서 죽은 것을 많이 발견했다. 자세히 살펴보니 자작나무의 가지는 겨우살이가 죽은 위치에서 부러져 있었다. 한동안 계속 관찰하면서 다음과 같은 과정이 떠올랐다.

겨우살이는 호스트 나무의 줄기나 가지에 뿌리를 내려 그곳에서 물이나 무기 영양분을 얻는다. 하지만 그 뿌리는 호스트 조직과 완전히 하나가 되지는 않는다. 언젠가 호스트 조직이 약해지거나 바람과 눈의 무게를 이기지 못하면 겨우살이가 자리한 부분부터 부러지고 만다. 그 순간부터 물은 겨우살이가 있는 곳까지 도달하지 못하고, 겨우살이는 물을 얻지 못해 말라 죽는다.

겨우살이는 1년에 한 마디씩 자란다. 세어보니 겨우살이의 수명은 20년 정도인 듯하다. 내가 이로하 고개에서 겨우살이를 처음 발견한 지도 벌써 50년이 넘었다. 그때 보았던 겨우살이는 이제 수명을 다했을 것이다.

물참나무에 매달린 겨우살이. 밤송이로 치면 너무 크다. 하지만 정말로 이런 큰 밤송이가 있다면 기쁘겠다.

 겨울이 되면 홍여새라는 아름다운 새가 겨우살이를 찾아온다. 겨우살이 열매는 홍여새가 특히 좋아하는 먹이다. 새가 열매를 먹고 난 뒤 씨앗은 대변에 섞여 다른 나무에 닿게 되고, 그렇게 새로운 호스트에 도달해서 다시 겨우살이의 생이 시작된다.

옆으로 자라는 서릿발

시모바시라

11월이 되면 닛코식물원에는 매일 서리가 내린다. 이때 땅 위뿐만 아니라 말라버린 식물의 줄기에도 서릿발이 생긴다. 식물 이름은 꿀풀과의 시모바시라(Collinsonia japonica)다. 서릿발은 옆으로 둥글게 말린 형태가 되어 줄기 전체가 서릿발로 뒤덮인 것처럼 보인다.

땅에 생기는 서릿발의 물리학적 원리를 처음으로 연구한 사람은 도쿄대학 물리학과 교수이자 수필가로도 알려진 데라다 도라히코(寺田寅彦)라고 한다.

어려운 말은 되도록 피해서 서릿발이 어떻게 생기는지 찬찬히 설명해보겠다.

시모바시라의 줄기에서는 서릿발이 옆으로 자란다. 식물원이 문을 열기 전에 녹아 버리기 때문에 직원들만 볼 수 있다.

물 분자는 그 안에 플러스극과 마이너스극을 가지고 있다. 토양은 마이너스이기 때문에 물의 플러스극을 끌어당긴다. 그 덕분에 땅속의 물이 중력을 거슬러 위로 올라가게 된다. 땅 표면이 영하로 내려가면 상승한 물이 그 자리에서 얼음으로 변한다. 결정이 된 얼음은 흙과 서로 끌어당기는 힘이 약해져 쉽게 떨어지게 된다. 그사이 아래쪽의 물은 계속해서 위로 올라가 얼음을 밀어 올린다. 이 과정을 반복하며 뾰족한 얼음 결정, 즉 서릿발이 자라나는 것이다.

식물의 줄기 역시 물과 전기적 힘으로 끌릴 수 있다. 이에 따라 줄기 내부에 있는 틈을 따라 물이 지면에서 몇 센티미터는 상승한다. 줄기의 미세한 틈은 바깥 공기와 맞닿아 있어 그 사이로 서릿발이 형성되며 옆으로 자라난다. 이러한 현상은 샐비어의 시든 줄기에서도 종종 관찰되지만, 시모바시라만큼 크고 뚜렷하게 자라나는 경우는 드물다.

서릿발은 위쪽 기온이 영도보다 낮고, 아래쪽은 영도보다 높은 곳에서 생긴다. 한겨울이 되면 식물원의 지표면은 단단히 얼어붙는다. 이렇게 되면 지표면에 서릿발이 생기지 않고 더 깊은 땅속에서 조용히 자라나기 시작한다. 그래서 서릿발을 직접 볼 수는 없지만, 땅속에서 많이 자란 뒤에 땅을 밀어 올리기 때문에 그 위를 세게 밟았을 때 20센티미터 정도 땅이 푹 꺼지기도 한다.

4월쯤에는 언 땅이 녹으면서 서릿발도 사라진다. 들뜬 땅은 가라앉고 꺼지는 부분도 없어지며 식물원이 문을 여는 날에는 단단한 땅으로 돌아온다.

봄

유채꽃이
피었다

유채

한 라디오 방송을 녹화할 때 일이다. 봄에 좋아하는 것을 묻기에 나는 바로 유채꽃이라고 답했다. 유채 나물에는 봄의 희망이 가득 담겨 있어서다.

유채(Brassica napus)는 배추과 식물로 가을에 발아해서 이듬해 봄에 개화한 뒤 일생을 마친다. 이런 생활사(生活史)를 가진 식물을 월년초라고 한다. 야생 월년초는 낮이 길어지면 꽃눈이 핀다. 낮의 길이에 따른 개화 시기로 식물을 구분하면 월년초는 장일식물(長日植物)에 해당한다.

월년초의 생활사를 보면 겨울에 비가 많이 내리고 여름이 건조한 지중해성 기후가 적합하다. 겨울철에는 풍부한

햇살 속에서 피는 유채꽃. 푸른 하늘 너머로 후지산이 얼굴을 내밀고 있다.

물을 흡수해 성장하고, 햇볕이 내리쬐는 여름철에는 종자 상태로 지낸다. 유채도 지중해 부근이 원산지라고 한다.

유채는 그대로 먹을 수 있으며, 씨앗에서는 기름을 얻는다. 유용한 식물이어서인지 기원전에 이미 중국에 전해졌다. 일본에서도 재배한 역사가 길어서 『고사기(古事記)』나 『만엽집(万葉集)』에도 등장할 정도다. 배추과 식물은 실크로드의 여행자였다.

기나긴 여정 중에 배추과 식물에서 많은 채소가 탄생했다. 배추, 소송채, 경수채, 청경채 그리고 순무도 배추과다. 또 다른 배추과 식물인 겨자에서는 갓이나 착채(搾菜)가, 케일에서는 양배추, 브로콜리, 콜리플라워, 모란채가 만들어졌다.

다양한 품종이 탄생한 이유는 자가불화합성이라는 성질 때문인 듯하다. 자신의 꽃가루로는 수정할 수 없다는 뜻이다. 자가불화합성인 식물은 같은 종(種) 안에 다양한 유전자를 보존하기 쉬우므로 이러한 유전적 다양성을 바탕으로 여러 품종을 개발할 수 있었다고 한다.

봄의 일곱 가지 나물에는 스즈시로(무의 옛 이름-옮긴이)도 포함된다. 낯선 이름이라서 의아하겠지만, 한자로 청백(清白)

이라고 쓰기도 하는 무를 가리킨다. 무도 배추과 식물이고, 지중해 부근이 고향이다. 세련된 이탈리아와 무라니 어쩐지 어울리지 않는 느낌이 드는데……. 내 취향은 어디까지나 일본주(日本酒)에 곁들이는 쓴맛이 살짝 남은 시골풍의 무조림이다.

향과 술은
산문을
넘지 못한다

산마늘

예전에 파, 부추, 마늘 등을 백합과에 넣었지만 유전자 분석 기술이 발전하면서 이제는 수선화과로 분류한다. 이들 식물은 한자로 훈(葷)이라고 하며 향이 강한 식물을 의미한다.

냄새의 원인은 알리신(allicin)이라는 물질로, 강한 독성을 지니고 있다. 우리 집 밭에는 거염벌레가 많이 생기곤 했다. 되도록 살충제를 사용하지 않았기 때문이다. 거염벌레는 메밀이나 팥의 잎을 다 먹으면 마지막으로 파에 달려든다. 그리고 파에 들러붙은 채로 죽는다. 이처럼 알리신은 포식자로부터 식물체를 방어하려고 진화한 물질이다.

산마늘의 꽃과 잎. 파와 같은 과인 만큼 꽃도 비슷한 모양이다. 잎은 중독을 일으키는 콜키쿰과 비슷하지만, 산마늘의 냄새는 파와 완전히 같아 쉽게 구별할 수 있다.

어린 시절에 나는 외할아버지를 따라 다양한 장소를 다녔다. 오사카 만국 박람회, 나라의 신사와 절, 아스카촌의 이시부타이 고분 등. 그때의 경험은 내 인생에서 무엇과도 바꿀 수 없을 만큼 소중한 추억으로 남았다. 이런 유명한 장소보다도 더 깊은 인상을 남긴 기억이 있다. 어느 절의 산문(山門)에 걸려 있던 한 구절, '불허훈주입산문(不許薰酒入山門)'이다. 향이 강한 음식과 술을 산문에 들이는 것을 허락하지 않는다는 뜻이다. 속세의 욕망과 혼탁함은, 이 문을 기준으로 걸러내겠다는 다짐처럼 느껴졌다. 주로 선종(禪宗) 사원에 걸려 있는 모양이었다. 수행에 방해가 되기 때문일 것이다.

술을 금하는 건 알겠는데, 어째서 '향'마저 허락되지 않는지 쉽게 이해가 되지 않았다. 어릴 적부터 부추튀김은 물론이고 야생의 작은 양파인 달래도 무척 좋아했던 내겐 더더욱 그랬다. 일설에 따르면 향은 지나치게 기력을 돋우기 때문이라고 한다. 좌선을 하는 정적인 수행에는 맞지 않는 것이다.

반면에 향이 나는 식물에는 행자(行者) 마늘이라고 불리는 산마늘(*Allium victorialis*, 국내에서는 명이나물로도 불린다-옮긴이)도 있다. 행자는 밖에서 혹독한 수행을 하는 승려를 일컫는데,

이런 수행에는 기력을 돋우는 향이 필요하다고 한다.

산마늘은 눈이 많이 내리는 지역의 산골짜기에서 주로 볼 수 있다. 5월에 눈이 녹은 곳을 걷다가 산마늘을 발견하고는 바로 채취해서 요리한 적이 있다. 그때 돼지고기와 함께 볶았던 것으로 기억한다. 당연히 맛있었다. 닛코식물원에도 산마늘이 있다. 조릿대(Sasamorpha)를 베어낸 자리에 자라나기 시작했다. 조릿대는 식물원의 가장 큰 적이다.

'불허훈주입산문'에 대해 조금 더 하고 싶은 이야기가 있다. 할아버지는 웃으면서 "불허훈, 주입산문"이라고 떼어서 읽는다고 말했다. 그러면 향은 안 되지만 술은 산문에 들이라는 말이 된다. 어린 마음에도 재미있어서 "역시 할아버지야!"라며 한바탕 웃었다.

'불허, 훈주입산문'이라고 읽는 방법도 있는 모양이다. 허락할 수 없지만, 향도 술도 산문에 들이라는 말이 된다. 유머는 술 이상으로 으뜸가는 명약이다.

성급한 물파초

물파초

닛코식물원 주변에는 원래 물파초(*Lysichiton camtschatcensis*)가 없다. 물파초의 자생지는 눈이 많이 내리는 서해 연안이다.

식물원에 있는 물파초는 3월 하순에 꽃을 피우기 시작하므로 식물원이 문을 여는 4월 1일에는 마침 절정을 이룰 만도 한데……, 그렇게 쉽게 꽃을 만나지는 못한다. 닛코의 3월은 아직 겨울이나 마찬가지여서 서리가 내리고 때때로 눈이 오기도 한다. 물파초는 추위에 약해 서리가 내리면 꽃도 잎도 금세 갈색으로 변하고 만다. 날이 아직 차가운데도 눈이 거의 내리지 않는 식물원의 기후에 속아서

새해 첫눈을 맞은 닛코식물원의 물파초. 자생지보다 이른 3월에 개화하기 때문에 서리를 맞아 갈색으로 변하는 일이 많다.

개화 시기만 너무 빨라지는 것이다.

　물파초 하면 역시 군마현의 오제(尾瀨) 습지가 유명하다. 식물원보다 두 달 늦은 5월 하순에 꽃을 피우기 시작한다. 개화가 늦는 이유는 5월 상순까지도 눈이 쌓여 있기 때문이다. 이때가 되면 기온이 올라가고 서리가 내리지도 않는다. 그래서 자생지의 물파초는 아름답다.

　한여름, 서해 연안에 있는 산에서는 1미터나 되는 거대한 잎을 볼 수도 있다. 이것이 바로 다 자란 물파초의 잎이다. 꽃일 때의 소박한 모습에서는 상상도 할 수 없는 크기다. 습지가 아닌데 왜 물파초가 있는지 의아할지도 모르겠다. 잔설이 많은 서해 연안의 산은 여름까지도 습기를 머금고 있을 때가 많아서 습지가 아니더라도 물파초가 살 수 있다.

　물파초는 천남성과이고 화원에서 파는 칼라(calla) 꽃도 마찬가지다. 물파초나 칼라에서 사람들이 좋아하는 흰색이나 다채로운 색상 부분은 사실 꽃잎이 아니다. 그것은 잎이 변형된 것으로 포엽이라고 부른다. 물파초의 포엽은 불상 뒤에 있는 불꽃 모양 광배(光背)를 닮아서 불염포라고 한다. 노란색 아메리카 물파초는 미국이 원산지다. 식물원에 있는 물파초보다 늦게 개화하기 때문에 서리를 맞을 일도 거의 없다. 영어로는 스컹크 캐비지(skunk cabbage)라고 부르는 모양인데 물파초 종류는 악취가 나지 않는다.

  이 두 물파초의 선조는 북반구 대륙이 하나였던 시기에 진화했다. 이후에 기후 변화로 인해서 대륙의 서쪽 끝과 동쪽 끝에서만 살아남았다. 서쪽 끝에서 살아남은 것이 아메리카 물파초, 동쪽 끝에서 살아남은 것이 일본의 물파초가 되었다. 인간이라면 눈물겨운 이별을 했을 것이다.

봄을 기다리는 꽃잎의 자세

로제트

겨울에 얼음이 어는 지방에서 자라는 풀을 보면 줄기가 없고 지면에 잎만 펼쳐져 있다. 이것을 로제트(rosette)라고 부른다.

로제트가 생기는 데는 두 가지 이유가 있다. 첫 번째는 잎의 온도를 높이기 위해서다. 맑은 겨울날, 차가운 공기와 달리 지표면은 햇빛을 받아 따뜻해진다. 그래서 지표면에 가까운 잎일수록 더 따뜻해지고 그만큼 광합성도 활발하게 이루어질 수 있다.

또 하나는 겨울에도 물을 흡수하기 위해서다. 줄기가 얼면 물이 통과하는 물관 안에 기포가 생긴다. 녹은 다음에

겹꽃잎인 장미를 닮아서 로제트다. 이것은 긴잎달맞이꽃 *Oenothera stricta*이다.

도 남아 있는 기포가 물의 이동을 방해하여 잎은 시들고 만다. 줄기가 없으면 기포가 생기지 않아서 물을 흡수할 수 있다. 사실 잎의 잎맥에도 물관은 있다. 그러나 잎맥의 물관은 매우 가늘어서 기포가 생기기 어렵다. 이런 특성으로 잎만 있는 로제트라면 무리 없이 겨울을 날 수 있다.

외래종인 양미역취(Solidago altissima)는 여름과 겨울에 전혀 다른 모습을 보여준다. 여름에는 키가 큰 데 반해 겨울에는 줄기가 마른 뒤 그 뿌리 부분을 보면 견고한 로제트 형태를 취하고 있다. 몸의 형태를 바꿔서 1년 내내 잎을 유지하는 것이다. 태평양 연안의 겨울 최저 기온은 꽤 낮다. 그러나 낮에는 기온이 높아서 광합성을 할 수 있다. 이런 환경이 로제트를 만드는 양미역취에 알맞아서 태평양 연안에서 무성하게 자란다.

재래종인 미역취(Solidago virgaurea subsp. asiatica)는 양미역취와 같은 과(科)다. 눈이 많이 내리는 산지에서 자라며 로제트를 만들지 않는다. 눈이 많이 내리는 곳에서는 로제트라 하더라도 광합성을 할 수 없기 때문이다.

나는 초봄에 쑥잎으로 만드는 쑥떡을 봄의 전령이라고 생각한다. 그러나 쑥떡에는 쑥의 로제트 잎을 사용하므로 한겨울에도 만들 수 있다. 이 사실을 알았을 때 나는 약간의 상실감과 지적인 만족감을 동시에 느꼈다.

　로제트의 어원은 장미(rose)에서 왔다. 잎들이 바닥에 납작하게 겹겹이 퍼진 모습이 정말 겹꽃잎인 장미 같기도 하다. 그러나 재미있게도 겹꽃잎인 장미는 자연 상태에서는 드물고, 인간이 만든 원예 품종에서만 볼 수 있다. 왜 자연에는 겹꽃잎이 없느냐고? 다음 장에서 알아보자.

겹벚꽃, 홑벚꽃

벚꽃

야생 벚꽃은 전부 홑꽃(하나의 꽃으로 이루어진 꽃-옮긴이)이다. 다른 식물을 봐도 자연에 있는 종에 겹꽃은 없다. 꽃이 만들어지는 원리와 홑꽃의 생태학적인 의의를 살펴보자.

먼저 꽃이 만들어지는 원리를 보자. 꽃받침, 꽃잎, 수술, 암술이 각각 만들어지는 데 필요한 유전자는 기본적으로 A, B, C 등 세 가지밖에 없다. A만 작용하면 꽃받침이, A와 B가 작용하면 꽃잎이, B와 C가 작용하면 수술이, C만 작용하면 암술이 만들어진다.

ABC 중에서 C 유전자가 돌연변이에 의해 기능을 잃어버리면 꽃받침과 많은 양의 꽃잎만이 만들어진다. 기본적

야생 벚꽃은 홑잎이다. 꽃을 찾아오는 벌레에게는 홑잎으로도 그 존재를 충분히 부각할 수 있다.

으로 겹꽃의 정체는 C 유전자의 이상에서 비롯된다. 이 유전자가 망가지면, 꽃의 생식 기관이 제대로 형성되지 않고 꽃잎처럼 겹겹이 변형되는 것이다. 이런 이유로 겹꽃은 자손을 남길 수 없다. 번식하려면 접목처럼 인간의 손을 거쳐야만 가능하다.

다음은 홑꽃의 생태학적 의의다. 겹꽃 중에도 수술이나 암술을 조금씩 만드는 경우가 있다. 그러나 자연 속에서 살아가기는 힘들다. 꽃잎을 많이 만들면 수술이 적어지고 꽃가루를 충분히 만들지 못해 수분 경쟁에서 지기 때문이다. 생태계에서는 꽃잎이 적을수록 유리하다.

그렇다면 꽃잎은 어느 정도까지 줄일 수 있을까? 꽃잎은 꿀벌 같은 벌레에게 "꿀이 있어" 하고 유혹한다. 이를 위해서는 꽃 전체의 면적이 중요하므로 바깥쪽에만 홑꽃잎을 만들어도 충분하다. 그래서 자연에서는 홑꽃만이 살아남는다.

그러나 겹꽃은 아름답다. 에도 시대, 정세가 안정되고 산업이 발달하자 여유가 있는 사람들 가운데 겹꽃 수집가들이 나타났다. 노빌리스노루귀(Hepatica nobilis, 설앵초)는 변이가 다양하기로 유명하다. 특히 겹꽃 품종이 다수 보존되어 있으며, 이를 다룬 전문 책도 출판되었다. 앵초 품종도 에도 시대부터 전해진 것이 많다. 이처럼 겹꽃은 자연의 선택이 아닌, 인간의 비호 아래 꽃을 피운 것이다.

  인간의 눈꺼풀에도 홑꺼풀과 쌍꺼풀이 있다. 북동 아시아인의 도톰한 홑꺼풀은 한랭지에 적응한 결과라는 말도 있다. 서양인에 비해 코가 낮은 것도 그렇다. 이것은 홑꽃에 대한 설명만큼은 설득력이 없는 듯한데 과연 정말 그럴까.

산수레나무의 격세유전

신수레나무

　식물에는 뿌리에서 잎까지 물을 공급하는 파이프가 있다. 지구상에 먼저 출현한 겉씨식물은 헛물관, 그 이후로 진화한 속씨식물은 물관을 갖는다.

　후발주자인 물관에는 성장에 유리한 점이 있었다. 식물은 여름 동안 잎의 기공을 열어 이산화탄소를 흡수해서 유기물을 합성한다. 이때 기공에서는 대량의 수증기가 빠져나간다. 물관은 헛물관보다 굵어서 잎에서 잃어버리는 대량의 물을 쉽게 보급할 수 있다. 속씨식물은 물관 덕분에 물 부족을 피할 수 있어 성장이 빨라졌다. 중생대 이후, 속씨식물은 성장이 느린 겉씨식물을 점차 몰아냈다.

후쿠시마현 나나쓰가타케산 정상의 산수레나무. 아고산대 상록침엽수인 오오시라비소 *Abies mariesii*에 섞여서 살아간다.

그러나 물관에는 불리한 점도 있다. 물관을 가진 한랭지의 상록수는 겨울에 잎이 탈수를 일으킨다. 기온이 0도 이하로 내려가면 물관 속의 물이 얼기 시작하면서 물에 녹아 있던 공기는 기포로 바뀐다. 얼음이 녹은 후에도 남아 있는 기포가 물의 흡수를 방해한다. 그 결과 잎은 충분한 물을 공급받지 못해 시들게 된다. 이처럼 물관에 기포가 생겨 물의 이동을 방해하는 현상을 엠볼리즘(embolism)이라고 부른다. 이 용어는 원래 인간의 혈관에 기체가 들어가 혈류를 막는 현상에서 유래한 것이다.

겉씨식물이 가진 가는 헛물관에는 기포가 생성되기 어렵다. 그래서 한랭지에는(광합성에는 불리해도) 헛물관을 가진 상록 겉씨식물이 살아남았다. 이것이 삼나무나 편백으로 대표되는 상록침엽수다.

상록수는 여름의 빠른 성장 속도와 한랭지에서의 생존이라는 두 가지 유리한 특성이 양립할 수 없다. 이런 이율배반을 트레이드오프라고 한다. 생물의 세계가 다양해지는 이유 중 하나는 불가피한 트레이드오프 때문이다. 어떤 능력을 얻으면, 다른 무언가는 잃게 되는 것. 트레이드오프로 인해 생물들은 저마다 다른 모습으로 진화해왔고, 모든 것을 갖춘 전능한 생물은 존재할 수 없는 것이다.

속씨식물인데도 헛물관밖에 없는 식물이 산수레나무 (*Trochodendron aralioides*)다. 내가 학부생이었을 때는 원시적인 속씨식물이라고 여겨졌다. 그러나 최근에는 물관을 잃고 헛물관으로 돌아간 비교적 새로운 속씨식물이라는 사실을 알게 되었다. 격세유전(조상의 유전적 형질이 여러 대를 걸러서 다시 나타나는 현상-옮긴이)한 결과, 산수레나무는 상록수인데도 한랭한 아고산대(亞高山帶, 온대의 산악을 기준으로 한 식물의 수직 분포대. 해발 1,500~2,500미터-옮긴이)까지 진출했다. 이곳은 이제 상록침엽수의 본거지다.

질소고정 식물의 성쇠

물오리나무

공기 중의 질소를 고정해서 이용할 수 있는 사방오리를 질소고정 식물이라고 부른다. 같은 과 식물로 물오리나무(*Alnus hirsuta*)나 덤불오리나무(*Alnus maximowiczii*)가 있는데 사방오리보다도 표고가 높은 곳에 분포한다. 이들이 화산 분화지 등 영양이 부족한 환경에 가장 먼저 침입할 수 있다고 생각하기 쉽지만 그렇지 않다. 후지산이 분화한 자리에 가장 먼저 침입한 식물은 비(非)질소고정 식물인 호장근(*Reynoutria japonica*)이다. 일본의 다른 화산도 마찬가지로 질소고정 식물은 호장근 다음에 자리를 잡는다.

이 현상은 워낙 잘 알려진 터라 질소고정의 원리를 연

호장근의 낙엽을 올린 물오리나무(우)와 올리지 않은 물오리나무(좌). 낙엽 속의 인이 녹아 나와 질소고정 식물인 물오리나무의 성장이 촉진되었다. 영양이 부족한 토양뿐만 아니라 비옥한 토양에서도 식물의 인은 주로 새로운 낙엽에서 온다.

구하던 동료는 "왜? 왜 그런 거죠? 왜?"라며 나를 몹시 귀찮게 했다. 사실이 바뀔 리가 없으니 고등학교 교과서에는 이런 현상이 그대로 실려 있지만, 그 이유를 아무도 속 시원히 설명해주지 못해 나 역시 답답하긴 마찬가지였다.

몇 년 전, 어느 대학원생이 돌파구를 찾아냈다. 영양이 부족한 화산재 토양에 물오리나무를 심어도 거의 자라지 않았다. 그런데 그 토양의 표면에 호장근 낙엽을 올려두었더니 물오리나무가 급속하게 자라기 시작했다. 여러 가지 실험을 한 결과 낙엽에 함유된 인(P)이 성장을 개선한다는 사실을 알아냈다. 바꿔 말하면 화산재 토양에서는 인을 사용하기 어려워서 물오리나무의 질소고정 능력이 발휘되지 못한 것이다. 화산재 토양에 인이 부족하다는 사실은 널리 알려져 있었지만, 그 때문에 질소고정이라는 장점이 사라진다는 사실까지는 알지 못했던 셈이다.

낙엽에는 다양한 원소가 함유되어 있다. 질소는 단백질 등의 구성 성분이고, 인은 핵산 등에 함유되어 있다. 칼륨이나 칼슘은 이온의 형태로 존재한다. 이들 원소 중에서 칼륨이나 칼슘은 낙엽에서 빠르게 녹아 나와 식물에 이용된다. 인을 포함한 유기물은 토양 미생물에 의해 쉽게 분해되어 식물이 이용할 수 있는 무기 인산이 된다. 따라서 낙엽이 있으면 식물은 인을 이용할 수 있다.

문제는 낙엽에 함유된 질소다. 사실 이 질소는 미생물이 좀처럼 분해하지 못해서 식물이 이용할 수 있는 질산 이온이나 암모늄 이온이 되지 못한다. 실험실에서 낙엽을 미생물로 분해해보니 1년 정도는 무기 질소가 전혀 생성되지 않았다. 대신에 천 년 전에 죽은 식물 유체에서는 미량이지만 무기 질소가 생성되었다.

낙엽을 연구함으로써 질소고정 식물이 우위를 차지하는 환경이 분명해졌다. 화산 분화지에 호장근의 낙엽이 조금씩 쌓이기 시작하면 인을 사용할 수 있게 되지만 질소는 아직 사용할 수 없다. 바로 이때가 질소고정 식물이 진면목을 발휘하는 순간이다. 그러나 낙엽이 점점 더 쌓이면 질소 분해가 진행되기 때문에 질소고정 식물의 우위성은 사라진다.

아쿠타가와 류노스케는 『무도회』라는 작품에서 "나는 불꽃을 생각했습니다. 우리의 생과 같은 불꽃을"이라고 등장인물의 입을 통해 말한다. 질소고정 식물은 자연의 변화 속에서 불꽃처럼 한순간 빛을 발하고 사라져간다.

절도 있는
기생

쇼키란

쇼키란(鍾馗蘭, *Yoania japonica*)은 화려한 분홍색 꽃을 피운다. 꽃 모양이 종규(鍾馗, 중국에서 유래한 역귀와 마귀를 쫓아내는 신-옮긴이)를 닮아서 그런 이름이 붙었다.

쇼키란은 식물인데도 녹색 잎이 없다. 즉, 광합성을 하지 않는다. 쇼키란은 낙엽이나 말라 죽은 가지를 분해하는 균류에 의존하며 영양을 가로채서 살아간다. 이런 삶의 방식을 부생(腐生)이라고 한다. 요컨대 균을 속이는 것이다.

식물과 미생물이 서로 도우며 살아가는 예는 잘 알려져 있다. 예를 들면 콩과 식물과 질소고정을 하는 뿌리혹박테리아가 있다. 식물은 뿌리혹박테리아에 탄수화물을 제공

닛코식물원에서 가까운 잣코(寂光) 폭포에서 발견한 쇼키란 무리. 이 쇼키란은 쓰러진 나무를 분해하는 균류에 기생하고 있었다. 몇 년 후, 나무의 분해가 진행되어 균류의 영양원이 없어지자 쇼키란도 사라지고 말았다.

하고 뿌리혹박테리아는 식물에 질소를 제공한다. 이것을 공생이라고 부른다. 서로 득을 보는 관계다.
　공생의 맞은편에 기생이 있다. 기생생물은 숙주의 자원을 일방적으로 빼앗기 때문에 숙주는 커다란 피해를 본다.

　영양을 빼앗아 살아가는 만큼 쇼키란이 기생생물인가 하면, 그리 단순하게 말할 수는 없다. 쇼키란이 균류로부터 영양을 너무 많이 빼앗는다면, 결국 균류가 죽고 말아 그 자리에서 살아갈 수 없을 것이다. 그러나 실제로는 매년 같은 장소에서 어김없이 꽃을 피운다. 아직은 추측일 뿐이지만 쇼키란은 '절도 있는 기생'을 하는지도 모른다. 즉 균을 완전히 해치지 않는 방식으로 영양을 조금씩 흡수하는 것이다. 따라서 쇼키란은 득을 보지만 균류의 피해가 비교적 적다. 이런 관계를 편리공생이라고 부른다. 기생충도 마찬가지다. 아마도 병원체 대부분이 그럴 것이다.
　공생, 편리공생, 기생은 생물의 세계에서 흔히 볼 수 있는 상호작용이다. 공생과 기생은 언제나 많은 주목을 받는다. 하지만 편리공생, 그 조용한 관계는 대개 눈에 띄지 않는다. 그러나 공생이나 기생의 대부분이 실은 편리공생이라고 해도 놀랄 일은 아니다.
　쇼키란을 비롯한 부생식물은 재배하기가 매우 어렵다.

이유는 간단하다. 이들이 살아가는 데 꼭 필요한 균류를 고정하고 배양하는 것이 쉽지 않기 때문이다. 닛코식물원의 부생식물도 저절로 자라는 것뿐이다. 게다가 자라는 장소가 매년 달라지는 것이 많고, 같은 장소에서 자랄 때도 몇 년에 한 번밖에는 나지 않아서 직원들을 몹시 귀찮게 한다.

뿌리 없이

　　　공중에

　　　　　산다

에어 플랜트 1

　일본에서는 '에어(air)'라는 말에는 '가공의'라는 뉘앙스가 따라다닌다. 기타 없이 기타를 치는 척하는 것은 에어 기타이고, 아이돌 업계에서는 에어 악수라는 말도 있다.

　그러나 에어 플랜트(Air Plant)는 실제로 존재한다. 원래 나무껍질 등에 착생(着生)하는 식물이지만 멕시코 같은 건조 지대에서는 전선에 늘어져 사는 것도 있다. 땅에 뿌리내리지 않고 공중에서 살아가기에 공중 식물이라고 불리게 되었다.

　건조 지대에는 땅속 깊은 곳까지 뿌리를 내리는 식물이 많다. 표면에는 물이 없기 때문이다. 그런데 그런 메마른

고이시카와(小石川) 식물원의 에어 플랜트. 이슬이 맺히지 않는 온실에 있기 때문에 물주기를 빠뜨리면 안 된다.

땅에 어째서 에어 플랜트가?

역설적이지만 건조한 지대이기 때문에 에어 플랜트가 살 수 있다. 공기가 건조하면 적외선이 지면에서 대기 중으로 발산하기 쉽다. 열이 적외선 형태로 우주로 방출되는 것이다. 그래서 낮에는 더워도 새벽녘이면 기온이 상당히 떨어진다. 기온이 떨어지면 수증기가 포화상태가 되어 이슬이 맺히고, 이 수분이 에어 플랜트의 양식이 된다.

한편 습기가 많은 장소에서는 적외선이 수증기에 흡수되어 열이 대기로 빠져나가기 어렵다. 그래서 기온이 떨어지지 않고 이슬이 맺히지 않는 날이 많아진다. 이런 이유로 일본처럼 습기가 많은 지역에서는 에어 플랜트를 볼 수 없다.

이슬이 맺히는 이러한 원리를 알지 못하면 에어 플랜트 재배에 실패할 수밖에 없다. 부끄러운 이야기지만 나도 연구실에서 에어 플랜트를 말려 죽인 적이 있다. 연구실은 온종일 일정한 온도로 조절되기 때문에 이슬이 맺히지 않는다. 그 사실을 잊은 채 물 주는 것을 게을리한 탓이다.

적외선이 대기 중에 방출되어 기온이 내려가는 현상을 방사냉각이라고 한다. 방사냉각을 방해하는 것은 수증기뿐만이 아니다. 이산화탄소도 적외선을 흡수하기 때문에 방사냉각을 억제한다. 대기 중에 이산화탄소 농도가 상승하면 온난화가 진행되는 것은 이 때문이다.

참고로 파인애플도 에어 플랜트라고 불리는 식물과 같은 과에 속한다. 그렇다고 공중에 파인애플이 열리는 것은 아니지만 말이다.

에어 플랜트,
그 후

에어 플랜트 2

　중남미에 분포하는 에어 플랜트는 자신만의 방식으로 물 문제를 해결해냈다. 건조 지대에서는 밤사이 방사냉각 현상으로 새벽녘에 기온이 뚝 떨어지고 공기 중 습도는 100퍼센트에 가까워진다. 에어 플랜트는 바로 그 순간을 기다린다. 그때 공기 중의 수분을 흡수하는 것이다.

　그러나 문제는 여전히 남아 있다. 식물은 물과 이산화탄소만으로는 성장하지 못한다. 질소나 인, 그리고 칼륨 같은 원소도 필요하다. 나무껍질에 붙어 있는 에어 플랜트라면 그런 원소를 나무껍질로부터 흡수할지도 모른다. 그런데 에어 플랜트는 전선에 늘어져서도 살아간다. 생존에 필요한 원소를 어떻게 흡수하는 것일까?

 이미 알려져 있듯이 빗속에는 다양한 원소가 포함되어 있다. 식물의 질소원이 되는 질산 이온이나 암모늄 이온은 물론이고 인산 이온이나 칼륨 이온도 빗속에 들어 있다. 정확히 말하면 에어로졸(aerosol)이라는 미립자 형태로 공기 중에 떠돌다가 비나 눈 등에 녹아서 내리는 것이다.

 화산이 분화했던 자리에 뿌리를 내린 호장근의 질소원은 빗속의 질산 이온이나 암모늄 이온이다. 이들은 공중 방전이나 연소 과정에서 생겨난다. 그러나 다른 원소는 어디에서 비롯되는지 좀처럼 특정할 수 없다. 지표면에 떨어진 낙엽이나 바다의 물보라에서 비롯된 것일지도 모른다. 분석해보면 나트륨이나 염소 등도 상당히 포함되어 있어서 아마 물보라도 나름대로 공헌하는 듯하다.
 즉, 에어 플랜트는 다양한 원소를 포함한 비, 또는 공기 중의 에어로졸 자체를 흡수해서 성장한다. 물론 이런 원소들은 매우 미량이어서 에어 플랜트의 성장은 아주 느릴 수밖에 없다.

 여기서 또 다른 의문이 생긴다. 지상에 있는 식물에 비는 어느 정도의 영양원이 될까? 비옥한 생태계에서는 낙

전선에 매달려 있는 에어 플랜트. 에어 플랜트가 필요로 하는 질소나 인 등은 모두 공기 중에 있는 에어로졸에서 온 것이다. 다시마를 잘게 썬 듯 보이는 송라*Usnea longissima*는 소나무겨우살이라고도 하는데 살아가는 방식은 에어 플랜트와 같다.

엽과 식물 사이에 질소나 인의 순환이 일어나므로 비의 효과는 매우 적다. 문제는 화산이 분화한 자리다. 화산재에는 질소가 포함되어 있지 않고 인은 식물이 이용하기 어려운 인산알루미늄이나 인산철로 되어 있기 때문이다.

그래서 화산재에 호장근을 심고 하나는 순수한 물을, 다른 하나는 빗물을 주면서 성장을 비교해보니 빗물을 준 호장근이 더 잘 자란다는 사실을 알 수 있었다. 인에 대해 말하자면 화산재와 빗물에서 거의 반반씩 흡수하는 것으로 밝혀졌다. 다양한 화산재에서 같은 결과를 볼 수 있었다. 질소뿐만 아니라 인 역시 비의 공헌도가 꽤 높은 것이다. 이것은 어느 대학원생이 발견한 사실이다.

실은 에어 플랜트 이전에도 같은 의문이 있었다. 군마현과 니가타현의 경계에 있는 산인 다니가와다케는 최근까지 '조난자 수 세계 1위'로 유명하다. 동쪽의 이치노쿠라사와나 유노사와는 암벽 등반으로 잘 알려져 있는데, 역시 추락 사고가 끊이지 않는 곳이다.

사고는 수직으로 우뚝 솟은 낭떠러지에서만 발생하는 것이 아니다. 이치노쿠라사와는 정상으로 갈수록 오히려 경사가 완만해진다. 그곳은 원래 넓고 평평한 사문석(蛇紋岩)으로 되어 있는데 그 위에 토양 유기물이 엷게 퇴적되어 초원을 이루고 있다. 이곳의 풀은 쉽게 벗겨져 그 위를 걷는 등반가도 미끄러지기 쉽다. 나도 40년쯤 전에 그곳에서 미끄러져 넘어진 경험이 있다. 사문석은 풍화가 거의 일어나지 않아 그 위에 자라는 식물은 사문석에서 영양분을 얻기 어렵다. 그렇다면 이런 초원에서 순환되는 원소들은 어디에서 온 것일까? 그 작은 의문이 내 탐색의 출발점이었다.

다니가와다케에서의 낙상 사고와 에어 플랜트에 대한 관찰을 통해 비가 생태계의 발달에 중요한 역할을 할 수 있다는 가능성을 깨닫게 되었다. 생물학, 특히 생태학은 눈에 보이는 현상을 다루는 분야다. 그래서 더 깊이 이해하려면 직접 발로 뛰며 여러 경험을 쌓는 것이 무엇보다 중요하다.

여름

벼락이
할퀸
혼적

삼나무

 도치기(栃木)의 여름은 벼락과 떼려야 뗄 수 없다. 낮에 간토평야에서 따뜻해진 공기가 닛코의 산을 만나 상승하며 차가워진다. 이 과정에서 플러스와 마이너스 전기를 가득 품은 뇌운이 만들어진다. 저녁 무렵, 뇌운은 바람을 타고 남동쪽으로 흘러가 평야에 다다른다. 천둥소리는 무섭지만, 그에 뒤따르는 소나기는 내륙 지역의 폭염을 누그러뜨린다.

 벼락은 물과 이온을 포함한 생물체나 금속에 떨어지기 쉽다. 높이가 높을수록 더하다. 그래서 키가 큰 나무일수록 벼락을 맞을 확률도 높고, 실제로 벼락이 떨어진 흔적

벼락을 맞아 갈가리 쪼개진 삼나무. 처음 보았을 때 나는 그 자리에서 꼼짝도 할 수 없었다. 중학교 동창생은 그 장면을 바로 눈앞에서 보았다고 한다. 분명, 내 경험보다 훨씬 무시무시했을 것이다.

을 쉽게 찾아볼 수 있다. 벼락을 맞은 나무 대부분은 위에서 아래로 나무껍질이 갈라져 있다.

수목의 내부에서 칼륨 등의 이온이 전기를 나른다. 벼락이 떨어지면 이온은 수분이 많은 나무껍질 부근에서 이동한다. 그러나 이온은 금속 안에 있는 전자만큼 자유롭게 움직이지 못하고 물 분자에 부딪히는 순간 열을 발생한다.

뜨거워진 물은 수증기가 되고, 나무껍질 부근의 압력이 상승해서 파열하며 껍질이 갈라지고 만다. 낙뢰 때문에 나무껍질이 갈라지는 이유는 아마도 이러한 수증기 폭발 때문인 듯하다.

사진처럼 줄기가 파괴될 정도의 낙뢰는 흔하지 않다. 지금까지 삼나무에서 세 차례 정도 보았을 뿐이다. 삼나무에서는 왜 이런 현상이 발생할까. 정확한 사실은 알 수 없지만, 일부 삼나무는 줄기 내부까지 수분이 흠뻑 들어 있기 때문은 아닐까. 그런 경우 다량의 전류가 줄기 내부를 흐르는 탓에 내부로부터 폭발할 가능성이 있다.

생물체에는 수분이 많아서 벼락을 맞아도 화재가 거의 발생하지 않는다. 그와 비교해 건조한 목조 건물에 벼락이 떨어지면 쉽게 불이 붙어 화재로 이어지기 쉽다. 나라와 교토의 신사나 절 가운데는 벼락으로 인해 불타 없어진 곳도 있다.

  그렇지만 천 년 넘게 무사한 건축물이 많다는 사실은 기뻐할 일이다. 이는 교토 부근에 높은 산이 없고, 천둥 번개가 생기기 어려운 평야라는 특성도 연관이 있지 않을까. 혹시라도 나라나 교토가 도치기 지방에 있었다면 틀림없이 중요한 건축물을 잃고 말았을 것이다.

짜증쟁이, 그 이름의 비밀

물봉선

물봉선(*Impatiens textorii*)은 달갑지 않은 학명을 가졌다. 학명은 성(속명)과 이름(종소명)으로 이루어지는데, 봉선화과 속명은 *Impatiens*다. 꽃집에서 종종 속명인 '임페이션스'라는 이름으로 불린다. 영어로는 impatient, 즉 조급하고 참을성 없는 '짜증쟁이'다. 실제로 물봉선의 열매를 슬쩍 건드리면 톡 하고 터지며 씨앗이 사방으로 튄다. 그 급한 성미가 학명에 담긴 셈이다. 우리가 잘 아는 봉선화도 속명이 같다.

이런 특성을 이용해 씨앗이 얼마나 멀리 튀는지 측정해 본 사람이 있었다. 최대 2미터였던 것 같다. 튀어서 날아가 조금씩 세력 범위를 넓힌다. 바람에 날리도록 진화하면

봉선화과인 노랑물봉선의 꽃. 신기한 형태를 가졌지만 벌의 등에 확실하게 꽃가루를 묻히는 데는 도움이 된다.

좀 더 멀리까지 갈 수 있다고 생각할지도 모른다. 그러나 습한 골짜기라는 한정된 환경에서 많이 자라는 물봉선은 부모 개체 주변이 가장 안락한 터전이라고 볼 수 있다. 그래서 씨앗이 아주 조금만 날아가도 충분하다. 오히려 너무 멀리 날아가면 새로운 땅에서 살아남기 어렵다.

물봉선 꽃은 신기한 형태를 이루고 있다. 누가 배에 비유했는지는 모르겠지만 어쩐지 비슷한 모양으로 보이는 것도 사실이다. 물봉선에 날아오는 벌레는 호박벌 종류다. 꽃 속에 파고들어 꽃의 가장 안쪽에 있는 꿀을 빨아들인다. 벌이 파고 들어가면 등 부분에 확실히 꽃가루가 묻는다. 자세히 보면 붓꽃(Iris sanguinea)이나 꽃창포(Iris ensata)의 꽃도 독특한 모양을 하고 있다. 이 꽃들 역시 벌의 등에 꽃가루를 묻히는 역할을 한다. 특이한 생김새에는 그 나름대로 의미가 있다. 닛코식물원에는 봉선화과 식물로 물봉선과 노랑물봉선(Impatiens noli-tangere)이 자리하고 있다. 노랑물봉선은 7월경에 개화한다. 물봉선은 더 늦게 8월부터 9월에 걸쳐 꽃을 피운다.

한편 인간의 학명 *Homo sapiens*(호모 사피엔스)는 '영장류 중에서도 지혜롭다'라는 의미다. 이런 이름을 자기 스스로 붙이려면 꽤 배짱이 필요하겠다.

빨간색 열매의
달콤한
유혹

점박이천남성

점박이천남성(*Arisaema serratum*)은 천남성과 식물로, 줄기 모양이 살무사를 닮아 위협적인 분위기를 풍긴다.

점박이천남성을 비롯한 대부분의 천남성과 식물은 몸속에 수산칼슘 결정을 함유하고 있다. 줄기나 잎을 먹으면 그 결정이 혀를 찔러 마비시키기 때문에 한동안 아무것도 먹을 수 없게 된다.

이런 점박이천남성도 열매만큼은 다르다. 새빨갛게 익어 부드러워질 때까지 기다리면 놀랄 정도로 단맛이 난다. 이 강렬한 빨간색은 이렇게 말하는 듯하다. "독은 없으니까 먹어도 돼. 영양도 풍부해. 대신 씨앗을 멀리 날라줘."라는 신호다.

빨간색 신호는 식물과 영장류, 조류 사이에서 진화했다. 영장류와 조류에게는 빨간색이 눈에 잘 띄기 때문이다. 이런 진화를 공진화(共進化)라고 부른다. 예를 들어 숲에 빨간색 딸기와 녹색 딸기가 있다면 누구나 빨간 쪽이 맛있다고 생각할 것이다. 이것은 오랜 진화의 역사 속에서 유전자에 새겨진 정보다.

광고업계에 있는 사람에게 물어보니 음식점 간판에는 기본적으로 빨간색을 흔히 사용한다고 한다. 이는 생물학적으로도 이치에 맞는다. 만약 음식점 간판을 녹색으로 한다면 어떻게 될까. 사람들은 녹색이 아니라 빨간색에 끌린다. 그러니 녹색 간판을 단 식당이 잘될 리 없을 것이다. 글을 쓰다 보니 그 사례라 할 만한 구체적인 음식점 체인 이름이 머리에 떠오른다.

한편 사람들이 녹색 채소를 좋아하는 이유는 무엇일까? 이것은 후천적 학습의 결과다. 채소는 녹색이라도 떫거나 쓰지 않다. 게다가 부드럽다. 채소는 인간이 먹기 좋게 개량한 식물이기 때문에 한 번 먹어보고 녹색이라도 맛있다는 사실을 알게 되면 그다음부터는 기꺼이 먹을 수 있다.

어린 점박이천남성은 수그루이다. 자라면 암그루가 되고 새빨간 열매가 열린다.

채소의 개량은 식물을 먹는 벌레에게도 고마운 일이었다. 예를 들어 배추벌레는 개량된 양배추 덕분에 가장 대표적인 수혜자가 되었다. 하지만 이런 벌레들 때문에 채소를 기를 때는 살충제를 빼놓을 수 없다. 다만 크게 두려워할 필요는 없다. 규제가 엄격한 만큼 정해진 사용법만 잘 지킨다면 인간에게 해를 끼치지 않는다.

이름도 모르는
먼
섬으로부터

맹그로브

시마자키 도손(1872~1943. 시인이자 소설가. 일본 근대 시(詩)의 출발점이자 자연주의 문학의 선구자로 꼽힌다-옮긴이]의 시 「야자열매」에 나오는 야자는 코코넛야자(Cocos nucifera)다. 물에 뜨는 씨앗은 해류를 따라 멀리까지 퍼진다. 구로시오 해류가 코코넛야자 열매를 열대의 섬으로부터 일본까지 운반했을 것이다. 코코넛야자 같은 식물을 해류 산포 식물이라고 한다.

맹그로브는 열대에서 아열대 해안을 따라 분포하는데, 맹그로브 식물도 해류 산포 식물이다. 대표적인 수종인 홍수과(Rhizophoraceae) 식물은 동아프리카에서 남아시아, 오세아니아, 오키나와 해안에 분포한다.

그 밖에도 무궁화속인 열대황근(Hibiscus tiliaceus), 진분홍색 꽃이 아름다운 해변나팔꽃(Ipomoea pes-caprae)도 해류에 의해 씨앗이 운반된다.

열대황근은 전 세계 열대 지역에 분포하는 범 열대 해류 산포 식물이다. 연구자들이 세계 열대황근의 유전자를 비교해본 결과 아시아와 아메리카 대륙 서해안에 있는 것이 유전적으로 비슷하다는 사실을 알아냈다. 그러나 아프리카 동서 해안에서 아메리카 동해안에 분포하는 종은 그들과 다른 그룹에 속한다고 한다. 이것은 인도양과 남미 대륙 남단이 해류를 통한 씨앗 이동의 장벽이 된다는 점을 의미한다. 세계 일주를 시도했던 마젤란이 남아메리카의 남단에 있는 마젤란 해협에서 고생했듯이 해류 산포 식물도 같은 장소에서 고생하고 있는 셈이다.

오른쪽 사진은 이리오모테섬의 맹그로브이다. 도쿄대학에서는 생물학과 4학년의 야외 실습을 이리오모테섬에서 진행한다. 한랭한 닛코 산악 지대에서 실시하는 3학년 실습과 더불어 아열대의 이리오모테섬에서 하는 실습에 참여함으로써 일본 자연을 대체로 이해할 수 있게 된다. 그런데 닛코에서는 등산의 괴로움이, 이리오모테섬에서는 맹그로브의 부패한 냄새가 인상에 남는 모양이다.

이리오모테섬에 펼쳐진 맹그로브. 해수에 잠긴 장소에는 둥근맹그로브 *Kandelia obovata*가 분포하고, 담수와 해수가 섞인 기수역(汽水域)에는 검은맹그로브 *Bruguiera gymnorhiza*가 분포한다. 서식지가 구분되는 원리는 알 수 없다.

이리오모테섬을 포함한 야에야마제도(八重山諸島)는 북회귀선에 가깝고, 여름의 태양 빛이 바로 위에서 내리쬔다. 발밑에 드리워지는 그림자는 작지만 진하다. 야에야마제도의 중심에 있는 이시가키섬에는 해상보안청의 순시선이 몇 척이나 정박하고 있다. 'JAPAN COAST GUARD'라는 로마자 표기가 선명한 하얀 선체는 야에야마제도가 국경 부근에 있다는 사실을 분명히 상기시킨다.

타잔의
덩굴

덩굴 식물

열대우림에 들어서면 굵고 길게 아래로 늘어진 덩굴이 눈에 띈다. 이 덩굴을 타고 나무에서 나무로 이동하는 사람이 바로 타잔이다.

덩굴 식물은 스스로 곧게 서지 못한다. 반드시 호스트라고 불리는 자립한 나무를 휘감거나 그 줄기에 달라붙어 자란다. 그런데 늘어진 덩굴은 자기 힘으로 공간 속에서 뻗어나가는 듯 보인다. 이것은 덩굴 식물이 호스트를 죽이며 살아온 장렬한 역사와 관련이 있다.

이런 종류의 덩굴 식물은 호스트의 꼭대기에 있는 수관(樹冠, 가지와 잎이 달려 있는 나무줄기의 윗부분-옮긴이)에 도달하면 그 위에서 자신의 잎을 펼치며 성장한다. 결국 수관이 덩굴에 뒤덮인 호스트 식물은 광합성을 하지 못해 죽어서 쓰러지고 만다. 덩굴도 같이 쓰러지나 했더니 옆에 있는 튼튼한 호스트로 갈아탄다. 죽은 호스트 나무가 쓰러졌을 때 덩굴 식물은 새로운 호스트의 수관에서부터 공중에 드리워진다. 그런 식으로 살아남는다.

호스트를 바꿔치기할 때마다 늘어진 덩굴의 위치가 달라진다. 호스트를 몇 개나 바꿔치기한 결과, 발아한 장소에서 30미터나 떨어진 장소까지 가기도 한다. 기생의 좋은 예다. 이것은 호스트 나무의 밀도가 높을 때만 성공한다. 일본에서는 다래(*Actinidia arguta*), 머루(*Vitis coignetiae*) 등이 이러한 덩굴 식물의 전형적인 예다.

그러나 덩굴 식물 중에는 호스트를 죽이지 않는 것도 많다. 흑오미자(*Schisandra repanda*)의 잎은 호스트 잎 바로 밑에서 자란다. 위로 10센티미터만 올라가면 호스트를 뒤덮을 수 있는데도 굳이 위로 올라가지 않는다. 자신의 광합성을 어느 정도 희생하더라도 호스트와 공존하기를 바라기 때문이다. 이런 온순한 덩굴 식물도 꽤 많다. 바위수국(*Schizophragma hydrangeoides*), 덩굴옻나무(*Toxicodendron orientale*), 송악(*Hedera rhombea*), 담쟁이덩굴(*Parthenocissus tricuspidata*) 등이

다래 덩굴. 호스트를 옮겨가며 자라기 때문에 자신의 잎은 언제나 수관, 즉 햇빛이 가장 잘 드는 높은 곳에 있다. 양다래 종에 가까워서 숙성된 열매의 맛은 최고다. 그러나 열매도 수관에 있기 때문에 손쉽게 얻을 수는 없다.

그런 종류에 들어간다. 이들은 편리공생 식물이다.

덩굴 식물은 열대에 많고, 열대우림에 있는 잎의 20퍼센트 이상을 덩굴 식물 잎이 차지하기도 한다. 한편 타이가(taiga)와 같은 북방 삼림 지대에는 편리공생 식물이 매우 적다.

부유하는
식물

개구리밥

고생대 이후, 육지 식물은 햇빛을 더 많이 차지하기 위해 점점 키를 키우는 방향으로 진화해왔다. 바닷속에서는 수십억 년 동안 단세포 식물 플랑크톤이 광합성 생물의 주역이었다.

단세포인 작은 플랑크톤은 물속에서 결정적으로 유리했다. 빛은 깊은 바닷속까지 도달하지 않으므로 광합성 생물이라면 물속으로 가라앉아서는 안 된다. 보통 생물은 바닷물보다 비중(比重)이 커서 가라앉기 쉬운데, 작은 식물 플랑크톤만큼은 예외다.

양동이에 물과 흙을 넣고 잘 섞은 다음에 그대로 두어

보자. 먼저 작은 돌이, 그다음으로 모래가 가라앉는다. 그러나 입자가 작은 점토는 좀처럼 가라앉지 않는다. 그래서 물은 계속 탁한 상태다. 단세포 식물 플랑크톤이 가라앉지 않는 이유도 이와 같은 원리가 작동하기 때문이다. 작은 물질은 중량당 표면적이 커서 저항을 받기 쉬우므로 잘 가라앉지 않는 것이다. 매우 작은 식물 플랑크톤은 1년 동안 2밀리미터 정도밖에는 가라앉지 않는다고 한다.

나는 도쿄대학 본교 캠퍼스의 산시로 연못 주변에서 생태학 수업을 하기도 한다. 언젠가 수업 중에 수면에 떠오른 낙엽을 바라보던 한 학생이 순간적으로 이런 말을 꺼냈다.

"낙엽처럼 공기를 품은 식물이라면 바다에서는 최강이겠네. 가라앉지 않아서 강한 햇빛을 받을 수 있으니까 말이야."

하지만 금세 스스로 자신의 말을 부정했다.

"그런데 바람이 불면 물가로 밀려가잖아. 그럼 안 되겠네."

학생이 좋은 생각을 떠올렸다가 금세 부정했는데, 이처럼 수면에 부유하는 식물로는 개구리밥(*Spirodela polyrhiza*)이나 부레옥잠(*Eichhornia crassipes*)이 유명하다. 이들 식물은 줄

논이나 늪에서는 개구리밥처럼 수면 위를 부유하는 식물을 자주 볼 수 있지만, 바다 나 강에는 그런 식물을 찾아보기 어렵다. 물속 식물로 한정하면 주인공은 물의 세계 에서는 단세포 플랑크톤이 된다.

기를 만들 필요가 없으므로 다세포 식물 중에서는 성장이 빠르다. 그러나 물이 고여 있는 논이나 늪에서만 살 수 있다. 가라앉지 않고 강한 햇빛을 받을 수 있어서 성장이 빠른 편이지만 아쉽게도 살 수 있는 장소가 많지 않다.

야리가타케를 다시 찾다

색단초

오랜만에 북알프스(일본 중부의 히다산맥-옮긴이)의 야리가타케를 등반할 기회가 있었다. 대학원생들과 함께 덤불을 헤치며 골짜기를 몇 번이나 건너야 했다. 그렇게 바위를 기어오르고 뇌우를 맞아가면서 사흘을 보냈다.

고교 때나 대학 때도 야리가타케를 오른 적이 있었지만, 그곳에서 만난 식물에 대한 기억은 거의 없다. 그저 멋진 고산 식물이 매우 많았다는 정도만 기억할 뿐이다. 당연한 일이다. 그때의 내가 산을 보는 척도는 얼마나 높고 험한지 정도밖에는 없었기 때문이다. 식물에 대한 기억이 없는 것은 '이론 적재성(theory-ladenness)'의 좋은 예다. 어떤 이론을 갖추고 자연을 보지 않으면 아무것도 알 수 없다는 뜻이다.

그 이후로 몇십 년이 흐르고 보니 식물에 관해 다양한 것이 보이기 시작했다.

사진의 색단초(Saxifraga bronchialis)는 꽃이 하얀색인데, 이 꽃만이 아니라, 곤충을 유인하는 꽃들에는 초록색과 빨간색이 거의 없다. 꽃가루를 운반하는 방화곤충(訪花昆蟲)은 빨간색을 잘 인식하지 못하고 초록색은 이파리 색과 혼동되기 때문이다. 이는 곤충의 시각 특성에 맞춘 자연의 섬세한 진화 결과다.

새를 부르는 꽃은 예외다. 새는 빨간색에 잘 반응한다. 그래서 새가 꽃가루를 옮기는 동백나무(Camellia japonica)나 히비스커스(Hibiscus rosa-sinensis) 꽃은 새빨갛다. 수는 적지만 초록색 꽃도 있다. 파란여로(Veratrum maackii)나 나도잠자리란(Platanthera ussuriensis)이 그 예다. 이들은 곤충을 색으로 유인하는 것이 아니라 향기로 불러들인다고 한다. 아직은 연구가 더 많이 필요한 분야다.

그런데 색단초 꽃은 홑꽃이다. 야생화 중에 겹꽃은 거의 없다. 진화는 그런 낭비를 싫어한다.

생태학 이론을 배운 덕분에 전에는 보이지 않던 것까지

야리가타케 부근에서 마주한, 하얗고 작은 색단초 꽃. 자연에 새빨간 꽃이 적은 이유는 꽃가루를 옮기는 방화곤충이 빨간색을 잘 인식하지 못하기 때문이다.

보게 되었지만, 이 이론도 완전한 것은 아니다. 앞으로 몇십 년이 더 흐르면 이 분야는 더욱 깊어지고 새로운 발견이 이어질 것이다.

   나와 함께 야리가타케에 오른 대학원생들의 눈에는 무엇이 보였을까? 그들은 내가 학부생이었을 때보다 훨씬 탄탄한 이론적 기반을 갖추었다. 그들이 연구자로서 독립했을 때 야리가타케에서 무엇을 발견했는지 꼭 묻고 싶다.

우바유리와
꽁치의
생존 전략

우바유리

    고사하기 직전에 단 한 번 번식하는 식물이 있다. 따뜻한 시기만을 이용해 여름에 번식하는 일년초가 그렇다. 우기와 건기가 뚜렷한 사바나에는 우기가 되면 발아하고, 건기에는 말라 죽는 초본이 있다. 이것도 평생 단 한 번 번식하는 일회번식 식물이다. 이런 적응성을 가진 식물의 생활사가 어떤 의미를 갖는지 해명하기 위해 폰트랴긴 최대원리(Pontryagin maximum principle)를 적용해보았다. 이는 시스템을 가장 효율적으로 제어하는 방법을 알려주는 수학 원리다. 그 결과, 생애가 짧은 일회번식 식물의 생활사는 생육기간 동안 종자량 생산을 최대화하기 위해 진화했다는 사실이 밝혀졌다.

대조적으로 여러 해를 사는 다년초나 목본은 몇 번이고 번식하는 경우가 많다. 그런 경우에도 발아한 뒤 한동안은 꽃을 피우지 않고 식물체가 성장하는 데 주력한다. 이런 기간을 유년기라고 한다. 종자 생산을 최대화하려면 반드시 유년기가 필요하고, 이것도 수학적으로 밝혀져 있다.

그런데 여러해살이식물 중에도 일회번식 식물이 있다는 점은 수수께끼다. 우바유리(*Cardiocrinum cordatum*)는 삼림 지면에서 사는 다년초로, 발아하고 4년쯤 지나 개화한 뒤 고사한다. 사구(砂丘)의 큰달맞이꽃(*Oenothera glazioviana*)도 일회번식을 하는 다년초다.

언젠가 물고기를 연구하는 졸업생이 내게 상담을 청한 적이 있다. 꽁치는 수명이 2년이고 한 번 산란하고 죽는데, 그 의미를 알아보고 싶다는 것이었다. 강에서 태어난 연어는 바다로 나갔다가 몇 년 뒤에 강을 거슬러 올라가 산란하고 그곳에서 죽는다. 어쩌면 식물뿐만 아니라 동물 역시 특정 조건 아래에서는 이런 생활사로 진화할지도 모른다.

아직 기초적인 해석 단계지만 다음과 같은 점을 알아냈다. 생물은 몸이 작을 때 성장 속도가 빠르다가, 성장 후에는 점점 느려진다. 성장 속도가 크게 둔화되면, 번식 후 사

우바유리의 꽃. 우바유리는 어두운 삼림 지면이 본거지다. 이곳은 대부분 식물에게 너무 어두워 경쟁자가 적다. 따라서 싹이 튼 식물은 생존율이 높아질 가능성이 크다. 이런 조건에서는 일회번식 다년초도 진화할 수 있다.

망하는 편이 더 나을 때도 있다. 빠르게 성장하는 자식을 많이 남기는 것이 느리게 성장하는 자신을 고집하는 것보다 적응에 유리하기 때문이다.

게다가 자식의 사망률이 낮을 때는 일회번식조차도 불리한 전략은 아닐 수 있다. 많은 생물에서 씨앗이나 알, 막 발아한 싹, 어린 물고기의 사망률이 높다. 작아서 경쟁에 밀리기 쉽고, 포식자에게 가장 먼저 잡히기 때문이다. 하지만 어린 시절의 사망률이 낮으면 부모가 모든 자원을 자손에게 쏟는 것이 더 의미 있다.

우바유리는 어두운 삼림 지면에 특화한 식물이다. 이곳은 너무 어두워서 경쟁자가 별로 없다. 그래서 어린 식물은 빛을 둘러싼 치열한 경쟁 없이 성장할 수 있다. 연구실 선배의 발표에 따르면 큰달맞이꽃은 자란 뒤에는 성장이 둔화하고 어린 식물의 사망률은 그다지 높지 않다. 성장 둔화의 이유는 명확하지 않으나, 사구가 경쟁이 적은 환경임은 분명하다. 꽁치에 대해 졸업생에게 물어보니 꽁치는 부착란(附着卵)을 만들어 알의 사망률을 낮춘다고 한다. 어딘가에 붙어 있으면 잡아먹히기 어렵다. 연어는 어떨까. 강에서 산란하는 의미는 강이 바다보다도 알의 포식자가 적기 때문이라고 말하는 연구자도 많다. 이것도 그럴듯한 주장이다.

인도
아대륙이라는
배를 타고

도쿠쓰기

 판게아가 남북으로 갈라진 뒤에 각기 다른 대륙에서 진화한 식물들은 북반구와 남반구의 고유한 종이 되었을까. 실제로 일본의 식물만 봐도 남반구의 식물은 마치 전혀 다른 세계의 식물처럼 낯설게 느껴진다. 너도밤나무와 남방너도밤나무속(Nothofagus sp)은 중생대의 초대륙 판게아에 공통의 조상이 있었다. 이 사실은 '아시아인, 다시 너도밤나무를 만나다' 편에서 자세히 다뤄진다.

 그런데 너도밤나무만큼 기원이 오래되지 않았는데 전 세계에 분포하는 식물도 있다. 그중 하나가 도쿠쓰기(Coriaria japonica)다. 이 식물의 분포가 신기하다는 점을 알아차린 사람은 도쿄대학 부속 식물원장이었던 마에카와 후미오 선생이다. 60년 전쯤의 일이다. 당시 과학으로는 도쿠쓰기의 분포 확대 경로를 추정하지 못하고, 중생대 시기 적도 부근에 분포했다는 정도의 지식에 머물러 있었다.

현재는 유전자 해석을 바탕으로 진화의 경로를 알게 되었고, 몇 년 전에는 유전자를 통해 도쿠쓰기의 진화를 밝히려는 프로젝트가 시작되었다. 스웨덴을 중심으로 전 세계 연구자가 모였고, 우리 연구진도 참가했다.

연구에서는 도쿠쓰기 유전자 대신, 공생하며 질소를 고정하는 방선균 유전자를 활용했다. 이 방선균은 혼자서는

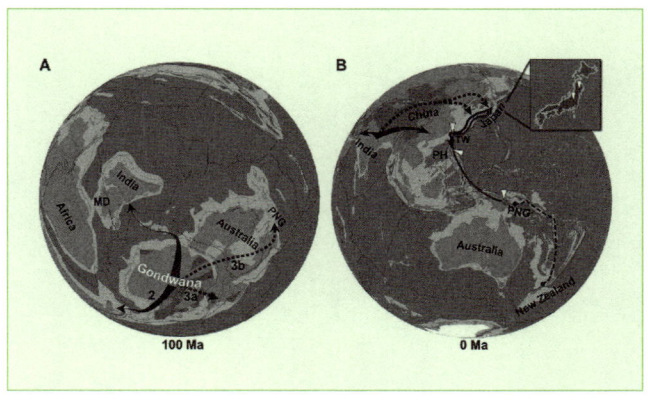

대륙 이동과 도쿠쓰기. 곤드와나 대륙에서 진화한 도쿠쓰기는 인도가 분리·북상함에 따라 북반구에 상륙하고 일본까지 분포 지역을 넓혔다.
[Berckx F., Nguyen T.V., Bandong, C.M. et al. A tale of two lineages: how the strains of the earliest divergent symbiotic *Frankia* clade spread over the world. *BMC Genomics* 23, 602(2022)]

도쿠쓰기의 열매. 조류에 의해 퍼지는 종자는 달콤한 열매를 맺는다. 도쿠쓰기도 예외가 아니다. 잎이나 뿌리에 강한 독성을 지녔지만, 열매에는 독이 없고 아주 달콤하다. 뿌리에는 방선균이 공생하며 질소고정을 한다.

살지 못하고 반드시 도쿠쓰기와 공생한다는 사실을 알고 있었기 때문이다. 도쿠쓰기는 돌멩이가 굴러다니는 강가에 많이 분포하므로 뿌리에 뿌리혹을 만드는 방선균을 채취하는 일은 매우 어렵다. 도시에서 자란 대학원생들이 삽으로 시도했지만 성공하지 못해서 시골 출신인 내가 곡괭이로 파냈다.

그렇게 해서 모은 전 세계의 방선균 유전자를 해석해보았더니 도쿠쓰기는 남반구의 곤드와나 대륙에서 진화했다는 사실이 밝혀졌다. 그 후, 곤드와나 대륙에서 분리된 인도 아대륙을 타고 이동해 북반구에 맞닿으면서 일본에도 분포하게 된 것으로 보인다. 인도 아대륙은 도쿠쓰기를 실은 거대한 배였던 셈이다.

사실은 송사리 역시 인도에서 온 것으로 알려져 있다. 다만 송사리는 남반구에는 분포하지 않기 때문에 인도 아대륙이 한창 바다 위를 이동하는 중에 진화했는지도 모른다.

이제 우리는 유전자를 단서 삼아 진화의 길을 거슬러 올라갈 수 있게 되었다. 그 여정 속에서 대륙 이동과 같은 지구 역사상 가장 거대한 사건을 비롯해 큰 그림을 그릴 수 있게 되었다. 참으로, 좋은 시대다.

고신초의
보전

고신초

닛코에서는 장마철에도 난로를 때는 추운 날이 있다. 그 무렵이 되면 산 위에는 고신초(Pinguicula ramosa)가 꽃을 피운다. 고신초는 통발과의 작은 식충식물이다. 닛코 주변에서만 볼 수 있다. 자생지는 용암이 굳어서 생긴 암벽이고, 그곳에 붙어서 자라는 이끼층에서 산다. 특별 천연기념물로 지정되어 있지만, 어떤 지역에서는 개체 수가 줄어들고 있다. 멸종을 염려한 정부가 보전에 나서고, 닛코식물원도 보전 사업의 일부를 담당하고 있다.

고신초를 발견한 사람은 도쿄대학 부속 식물원의 제2대 원장이었던 미요시 마나부이다. 그는 에콜로지(ecology)에

닛코의 고신산(庚申山)에서 발견되었기 때문에 고신초라는 이름이 붙었다. 사진은 난타이산에서 찾은 것.

생태학이라는 번역어를 붙인 것으로도 유명하다. 식물원과 생태학이 미요시 마나부에 의해 고신초와 맺어진다면, 내가 그 보전에 참여하는 것은 운명이라고 말할 수밖에 없다.

식물의 보전은 대상에 대한 지식에서 시작한다. 내 역할은 나고 자라서 죽는 과정을 조사하는 일이다. 잎의 길이는 고작 1센티미터, 싹은 1밀리미터에도 못 미친다. 몇 주에 한 번씩 자생지로 나가 정해진 장소에서 사진을 찍는다. 연구실에 돌아와서 고신초의 위치와 크기를 컴퓨터에 기록한다. 참으로 꾸준히 작업했다.

수많은 개체에 대한 데이터를 분석한 결과, 씨앗이 발아하고 나서 3년이면 꽃이 핀다는 사실을 알게 됐다. 꽃이 핀 개체 중에서 씨앗이 열매를 맺는 것은 약 절반이다. 열매를 맺은 개체는 대체로 죽는 듯하다. 힘을 다 써버린 탓일까.

식물원 연구진의 조사에 따르면, 고신초는 기온이 25도 이상 올라가면 생육이 나빠지고, 암벽에 이끼가 없으면 뿌리를 내리지 못한다. 그러나 이끼가 너무 두껍게 깔려 있어도 좋지 않다는 사실도 밝혀졌다. 언젠가 이 식물이 자생지에서 안정적으로 번식할 뿐만 아니라, 식물원에서도 많은 사람들에게 공개될 수 있기를 조심스레 기대해본다.

사진의 고신초를 보면 씨앗이 절벽 아래로 떨어질 듯해서 걱정될 수도 있다. 그러나 불필요한 우려다. 씨앗이 여물 때쯤이면 꽃줄기가 절벽 쪽으로 젖혀지며 이끼층 안으로 씨앗이 뿌려진다. 꽤 좋은 방식이다.

가을

감
전쟁

감나무

어떤 감을 좋아하는지 다퉈봤자 소용없다. 할머니는 물컹한 과육을 숟가락으로 떠서 드셨다. 단단한 쪽을 좋아하는 나는 말없이 바깥으로 고개를 돌릴 뿐이었다.

깊은 가을, 할머니는 감이 물렁물렁해지기를 기다렸다가 수확한다. 그때쯤이면 새도 눈독을 들인다. 그리고 매년 연례행사처럼 감 전쟁이 발발한다.

우리 집 단감을 노리는 놈은 주로 직박구리였다. 과육을 쪼아 먹고 씨앗만 남겨두고 간다. 감 씨앗은 새가 흩뿌리기 쉬운 크기였지만, 품종 개량된 단감은 과육뿐만 아니라 씨앗도 커졌다. 더는 새가 씨앗을 삼킬 수 없게 되었다. 같

새가 먹은 단감. 커다란 씨앗은 그대로 남겨져 반쯤 얼굴을 내밀고 있다.

은 이유로 매화나 복숭아 씨앗도 커졌다.

 사과와 배는 그렇지 않다. 과육의 크기는 야생의 것과 비교하면 백배나 되지만 씨앗 크기는 차이가 없다. 딸기 씨앗도 작은 채로 남았다. 딸기 씨앗이 커졌다면 사람 역시 거들떠보지 않았을 것이다. 물론 도톨도톨한 식감을 싫어하는 사람도 있지만 말이다.

 품종 개량으로 씨앗의 크기가 커질 수 있는지는, 과육이 무엇으로부터 만들어지는가에 달려 있다.

 암술의 아랫부분에는 씨방이 있다. 씨방이 발달해서 씨앗과 과육이 만들어지면 참열매라고 부른다. 참열매 품종을 개량하면서 씨방 전체를 크게 만드는 돌연변이체를 선택했나 보다. 그 결과, 과육뿐만 아니라 씨앗도 커졌다. 감, 매화, 복숭아가 참열매다.

 한편 과육이 씨방 이외의 부분에서 만들어지면 헛열매라고 부른다. 헛열매인 사과나 딸기는 과육이 꽃받침으로부터 만들어진다. 이런 과일은 꽃받침만을 크게 만드는 돌연변이체를 찾아낼 수 있었기 때문에 씨앗은 작은 채로 남겨졌다.

 참열매라도 아주 드물게 씨앗이 없는 돌연변이가 출현한다. 씨앗이 없는 지로 감(次郎柿, 단감의 한 품종-옮긴이)은 에도 시대 말기에 만들어졌다. 오래도록 이어지는 미식을 향한 집념이 엿보인다.

앞서 말한 감 전쟁은 "까치밥으로 남겨둔 거야"라는 할머니의 말과 함께 언제나 싱겁게 끝나고 만다. 이제 곧 겨울이 온다.

피의
너털웃음

피

피터르 브뤼헐은 16세기에 활약한 네덜란드 화가다. 그의 대표작 중 하나인 〈추수하는 사람들〉은 무척 흥미롭다. 밀이 사람 어깨 높이까지 자라 있다. 겉보기엔 이렇게 키 큰 밀이 다수확 품종처럼 보인다. 그러나 실제로 이렇게 큰 밀은 줄기를 키우는 데 영양분을 사용하느라 정작 수확량은 많지 않다.

20세기 들어 일본 사람들은 키 작은 반왜성(semi-dwarf) 밀, 농림 10호야말로 다수확 품종이라는 사실을 발견했다. 제2차 세계대전 이후에 이 농림 10호는 '녹색 혁명'을 가져왔다. 농림 10호에 들어 있는 반왜성 유전자가 세계 밀

키 큰 피는 벼 위로 잎을 넓게 펼치며 무성하게 자라 벼의 생장을 방해한다.

농업에 도입되면서 밀의 키가 낮아져 쓰러짐이 줄고 수확량이 크게 늘었다. 이로써 식량 생산량이 증대한 것이다.

벼에도 반왜성 유전자는 효과가 있었다. 후지사카 5호는 키가 작은 다수확 품종의 시작이었다고 생각한다. 그 명맥을 이은 후지미노리나 레이메이는 한층 더 작고 수확량이 많았다.

그러나 이들 다수확 품종 벼는 맛이 문제였다. 생활이 풍요로워지고 맛에 예민해진 일본 사람들에게 점점 환영받지 못하게 되었다. 이때 주목받은 품종이 수확량보다 맛을 중시한 고시히카리였다. 그런데 맛은 좋았지만, 키가 큰 편이라서 쓰러지기 쉽고 수확량도 만족스럽지 않았다.

현재는 키가 작아 수확량이 좋으면서도 맛도 좋은 이상적인 벼를 개발하기 위해 노력 중이라고 한다. 우리 부모님은 작은 논에서 자급자족용 고시히카리를 재배하는데, 그런 이상적인 품종이 만들어진다면 분명히 기뻐하실 것이다.

그러나 이상적인 벼가 만들어진다고 해도 아직 약점은 남아 있다. 키가 작은 만큼 키 큰 잡초인 피(*Echinochloa esculenta*)의 침입을 막지 못한다. 피는 벼 위로 잎을 넓게 펼쳐 햇볕을 듬뿍 받으며 무성하게 자란다. 잡초를 뽑지 않은 논은 벼를 내려다보는 피의 천하가 된다. 그야말로 피의 너털웃음이 들리는 듯하다. 그러므로 농지에서는 제초를 꼭 해야 한다. 제초제의 발달로 그 수고를 덜 수 있어서 참 다행이다.

농지에서 무성하게 자라는 잡초는 피 외에도 한련초(*Eclipta thermalis*), 흰명아주(*Chenopodium album*), 가는털비름(*Amaranthus patulus*) 등이 있다. 보리밭에서는 귀리(*Avena sativa*)가 강적이다. 전에는 작물이었지만 지금은 잡초로 살아남았다.

나무뿌리와
걸리버의
머리카락

물참나무

고등학교 교과서에 뿌리는 중력 방향으로 자란다고 나와 있다. 식물이 발아한 뒤에 한동안 뿌리는 분명히 아래쪽을 향해 자란다. 이 뿌리를 원뿌리라고 한다.

문제는 그다음이다. 식물원의 커다란 전나무가 쓰러졌을 때 원뿌리는 찾지 못했다. 그리고 대부분 뿌리는 아래쪽이 아니라 경사면을 따라 뻗어 있었다. 식물이 크게 자라면 뿌리는 중력 방향과는 상관없이 자라는 것 같다. 조경사처럼 항상 뿌리를 보는 사람에게는 이런 뿌리의 성장 방식이 상식일 것이다. 그러나 교과서를 통해서만 배운 사람은 실제 모습을 알기 어렵다.

비로 인해 흙이 씻겨 내려간 물참나무. 뿌리는 지표면 가까이 방사형으로 뻗어 있고 아래쪽으로 뻗은 굵은 뿌리는 없다.

커다란 나무가 쓰러지지 않고 서 있는 이유는 가로 방향으로 뻗은, 가는 뿌리가 줄기를 지탱하기 때문이다. 소인국에서 붙잡힌 걸리버가 꼼짝 못 하게 된 『걸리버 여행기』의 한 장면을 떠올려보자. 걸리버의 긴 머리카락은 사방으로 당겨져 그 끝이 수많은 작은 말뚝에 묶여 있다. 줄기에서 가로로 뻗은 뿌리는 이 머리카락과 같다. 그리고 흙을 파고든 뿌리 끝이 말뚝의 역할을 하는 셈이다.

시점을 바꿔 식물 영양학적인 측면에서 뿌리를 살펴보자. 뿌리가 지표층 가까이 뻗는 것은 영향 흡수에도 합리적이다. 식물이 이용하는 무기 질소는 유기물이 많은 지표면 가까이에만 있다. 얕은 뿌리는 이를 효율적으로 흡수하는 데 도움이 된다.

그러나 흙의 표층으로 뿌리를 뻗는 원리는 정확히 알지 못한다. 다만 뿌리가 빛을 감지하는 단백질을 가지고 있다는 사실이 힌트가 된다. 빛을 감지하면 '너무 얕으니까 조금 아래쪽으로' 뿌리를 뻗고, 빛을 감지할 수 없으면 '너무 깊으니까 조금 위쪽으로' 뿌리를 뻗음으로써 흙의 표층에 뿌리를 배치하는지도 모른다.

그런데 뿌리가 자라는 방향이 거의 아래쪽을 향하는 식물도 있다. 건조한 땅에 사는 식물이다. 이곳에는 물이 땅속 깊은 곳에 있어서 그 뿌리가 깊이 10미터에 이르기도 한다.

※ 이후의 연구로 뿌리는 무기성 질소와 무기성 인이 있는 장소를 향해 자란다는 사실이 밝혀졌다. 무기성 인은 토양 표면에 있는 낙엽에서 공급되고, 무기성 질소는 그 아래 부식토에서 공급된다. 그래서 뿌리는 자연스럽게 얕은 곳에 형성된다.

나뭇가지의
독립자존

단풍나무

이른 가을, 느티나무와 단풍나무 일부 가지에 달린 잎이 갈색으로 물들 때가 있다. 본래 단풍이 드는 시기보다 꽤 이르다. 그런 가지를 자세히 보면 씨앗이 많이 달려 있다. 씨앗이 맺힐 때는 가까이에 있는 잎의 영양소를 사용한다. 그렇게 영양소를 잃어버려 퍼석퍼석해진 잎은 단풍 시기를 기다리지 못하고 시들어버린다.

씨앗이 맺히는 가지를 개체 전체가 도와주면 좋을 텐데, 가지는 자신의 잎이 만들어낸 유기물을 다른 가지에 전하지도 않고 받지도 않는다. 말하자면 가지는 개인사업자다. 독립자존이라고 해야 할까.

앞에 있는 가지는 단풍이 한창인데 같은 개체에서 나온 위쪽 가지는 이미 잎이 다 떨어졌다.

어째서 다른 가지를 돕지 않는지 의문을 품고 연구에 몰두한 대학원생은 다음과 같은 이유라고 밝혔다. 응달진 가지를 돕는 것은 식물 전체로 보면 마이너스다. 광합성을 하지 못하는 가지는 호흡만 하기 때문이다. 그래서 이런 가지는 돕지 않고 시드는 대로 내버려 둔다. 한편 양달에 있는 가지는 스스로 성장하기 때문에 도와줄 필요가 없다. 참고로 뿌리에서 흡수된 무기 영양분을 응달의 가지는 받지 못하고 왕성하게 성장하는 가지가 사용한다.

가지에서 가지로 유기물이 이동하지는 않지만, 가지는 자신보다 아래에 있는 줄기와 뿌리에는 유기물을 보낸다. 줄기와 뿌리가 튼튼하지 않으면 자신도 살 수 없기 때문이다. 이것은 세금과도 같다. 나뭇가지는 이기적으로 보이지만 노동(광합성)과 납세(유기물의 하부 공급)의 의무는 제대로 하고 있다.

응달에 있는 가지가 묵묵히 시들어가는 이유에 대해서 조금 더 알아보자. 개체의 모든 세포는 같은 유전자 세트를 가지고 있다. 이런 경우 응달에 있는 가지는 자신이 버려진다 해도 개체 전체가 살아남아 공유하는 유전자 세트를 다음 세대에 넘길 수만 있다면 소망을 이루는 셈이다.

그렇다면 인간 사회는 어떤가. 사회를 구성하는 우리는

저마다 다른 유전자 세트를 가지고 있다. 따라서 사회와 국가를 위해 스스로 희생하기는 어렵다. 다만 유전자를 공유하는 가족은 다르겠지만 말이다.

너도밤나무
열매의
미래

너도밤나무 1

  몇 년에 한 번, 산에 있는 너도밤나무는 열매를 가득 맺는다. 게다가 같은 지역에서 자라는 개체 대부분이 일제히 함께 열매를 맺는다. 이런 해를 결실년(結實年)이라고 한다.

  결실년의 다음 해 봄, 너도밤나무 밑에서는 씨앗이 잔뜩 발아한다. 그러나 그다음 해 봄이 되면 거의 다 죽고 만다. 닛코식물원에서 연구하는 대학원생이 숲속 빛의 세기를 꾸준히 측정해서 그 이유를 밝혀냈다. 여름이면 너도밤나무 아래까지 도달하는 빛은 매우 약하다. 그런 빛으로는 간신히 광합성은 가능하지만, 어린나무가 자라기엔 턱없

결실년의 다음 해, 너도밤나무 숲 아래는 싹이 튼 식물로 가득 채워진다. 그러나 발아한 지 1년 이내에 거의 죽고 만다.

이 부족한 것이다.

　너도밤나무의 낙엽이 지는 가을이면 나무 아래는 밝아진다. 이렇게 좋은 빛 환경을 이용하는 식물도 있다. 너도밤나무 숲에서 자라는 어린 상록수들이다. 물론 기온이 낮은 한겨울에 광합성을 하기는 어렵다. 그러나 어린 상록수는 밝고 따뜻한 편인 한가을이나 늦은 봄에 광합성을 해서 성장한다. 그리고 너도밤나무 숲에서 차차 세력을 키워간다. 너도밤나무 숲에서 살아남을 수 있는 상록수는 지역에 따라 다르다. 일본 서해 연안이라면 삼나무나 아오모리 나한백(히바)이고, 태평양 연안이라면 전나무나 솔송나무(*Tsuga sieboldii*) 종류가 대표적이다.

　21세기에 들어 17세기에 그려진 시라카미(白神) 산지의 식생도가 발견되었다. 그 시대에 시라카미에는 너도밤나무뿐만 아니라 아오모리 나한백도 자랐던 듯하다. 이것은 대학원생의 연구 결과와도 일치한다. '완벽을 향한 열망과 박물학' 편에서도 썼듯이 시라카미가 지금처럼 너도밤나무 중심의 숲이 된 원인은 에도 시대에 반복된 벌채 때문일 것이다. 양질의 목재인 아오모리 나한백은 자주 벌채되어 사라졌을 가능성이 크다. 너도밤나무는 한자로 '橅(무)'라고 쓰는 데서도 드러나듯, 재질이 부드러운

데다 휘거나 비틀어지기 쉬워 목재로서는 쓸데가 없다. 어쩌면 그래서 오히려 산속에 살아남았는지도 모른다.

  문제는 어린 너도밤나무가 도대체 어디에서 자라느냐는 점이다. 달리 말하면 너도밤나무의 본거지는 어디냐는 수수께끼다. 한동안은 너도밤나무를 구실로 산에 놀러 갈 수 있겠다.

구부러진 뿌리

너도밤나무 2

일본 서해 연안의 산지는 세계에서도 손꼽힐 만큼 눈이 많이 오는 지대다. 급경사면에는 키가 작은 나무만 산다. 그 줄기는 경사면을 따라 자라며 점차 위쪽을 향해 구부러진다. 이것을 '구부러진 뿌리'라고 부른다. 실제로는 뿌리가 구부러진 것이 아니므로 정확하게 말하자면 '구부러진 밑동'이다.

살아 있는 나무를 구부렸을 때, 줄기 표면이 2퍼센트 정도 늘어나면 부러진다. 급경사면에서는 눈사태 같은 눈의 압력 때문에 줄기가 구부러지는데, 똑바로 자란 줄기는 그런 압력을 이기지 못하고 한계 이상 늘어난 끝에 부러져버

다설지 급경사면에서는 나무의 밑동이 경사면을 따라 구부러진다. 이것이 '구부러진 뿌리'다.

린다. 한편 구부러진 뿌리는 지면에 눌려도 많이 늘어나지 않아 부러지지 않는다. 구부러진 뿌리는 다설지 급경사면에 적응한 형태다.

구부러지는 정도는 수종에 따라 다르다. 눈이 많이 오는 산지의 키가 큰 너도밤나무는 줄기가 크게 구부러지지 못하고 거의 똑바로 자란다. 그래서 눈사태가 자주 발생하는 급경사면에는 분포할 수 없다.

너도밤나무가 좋아하는 곳은 특히 산사태가 난 자리다. 햇빛이 잘 들고 경쟁하는 나무도 없기 때문이다. '산사태가 일어날 가능성은 있는데 눈사태가 빈발할 정도로 급경사가 아닌' 적당한 경사면이 너도밤나무의 본거지일 것이다. 높고 곧게 자라는 데에만 고집을 부리면 살 수 있는 곳이 한정적이다. 인간도 너무 고지식하면 살아가기 힘들다.

너도밤나무와는 대조적으로 자유자재로 자라는 나무도 있다. 도토리를 맺는 물참나무(Quercus mongolica)다. 평지에 많은 졸참나무(Quercus serrata)와 같은 과로 전국 산지에서 자란다. 원래 키가 크고 거대한 나무지만 급경사면에서는 뿌리를 구부려 작은 모습으로 살아간다. 이렇게 키가 작은 물참나무는 변종처럼 보이지만, 유전적으로는 일반 물참나무와 거의 차이가 없다.

몇 년 전 겨울, 너도밤나무 줄기에 가해지는 눈의 압력을 측정하기 위해 오제 부근의 산에 계측 기기를 설치했다. 수집된 데이터는 실시간으로 연구실로 전송되었다. 이는 실시간으로 연구실에 전달된다. 이것은 수력발전소를 관리하는 에너지 기업 J-Power의 시설을 활용했기에 가능했다. 혹독한 겨울에 4미터가 넘는 적설량에도 불구하고 직원들은 시설 유지를 위해 산에 오른다고 한다. 이런 사람들 덕분에 우리는 풍요로운 생활을 누릴 수 있다.

4년째의 너도밤나무

너도밤나무 3

 동일본 대지진이 발생한 2011년, 후쿠시마에서는 재난이 끊이지 않았다. 그해 3월의 쓰나미와 원자력 발전소 사고에다 7월에는 호우로 인한 대규모 산사태가 발생한 것이다. 산사태 피해가 내륙의 아이즈(会津) 지방에 한정된 점은 그나마 다행이었다. 그해 아이즈의 너도밤나무 열매는 풍작이었다.

 이듬해 봄, 산에는 너도밤나무 씨앗이 잔뜩 발아했다. 아이즈 시민들은 재해 복구에 여념이 없었지만, 너도밤나무 연구를 지원해주었다.

 4년이 흐른 뒤, 너도밤나무 숲의 그늘 아래 돋아났던 싹

한랭지에 옮겨 심은 너도밤나무의 겨울 싹. 길이는 5밀리미터 정도로 원래의 3분의 1정도밖에 되지 않는다.

들은 거의 모두 사라지고 없었다. 너도밤나무가 어두운 환경에 약하다는 사실은 익히 알고 있었기에 이러한 조용한 퇴장은 예상대로였다.

살아남은 싹들은 산사태로 나무가 사라지고 햇빛이 들어오게 된 밝은 터에 몰려 있었다. 그러나 그곳은 유기물이 거의 사라진 척박한 땅이었다. 이렇게 영양이 부족한 환경에서 너도밤나무가 과연 자랄 수 있을지 걱정됐지만, 그들은 묵묵히 차근차근 성장하고 있었다. 이대로라면 다시 너도밤나무 숲으로 돌아갈 것이다.

너도밤나무는 눈사태에 약하다는 사실을 다시 한번 확인할 수 있었다. 똑바로 서서 눈사태에 저항하기 때문에 눈의 압력으로 뿌리 부근부터 부러지고 만다. 따라서 '구부러진 뿌리' 편에서 썼듯이 너도밤나무는 눈사태가 빈발한 급경사면에서는 찾아보기 어렵다.

생존에는 온도도 중요하다. 따뜻한 장소에 옮겨 심은 너도밤나무는 잘 자라겠지만 해충 피해를 보기 쉽다. 이것이 따뜻한 곳으로 진출하지 못하는 이유 중 하나일 것이다. 한편 너도밤나무는 지금보다 더 추운 지역에서도 추위 때문에 죽는 건 아닐 텐데, 왜 그런 곳으로 퍼지지 못할까 궁금해진다. 햇빛이 잘 드는 곳에서도 잘 자라지 못하는 걸

보면, 그 원인은 단순히 기온 때문만은 아닌 듯하다. 한랭지에서의 연구는 이제 막 시작되었다.

※ 그 이후의 연구에서 아고산대 같은 한랭지에서 성장하기 위한 조건이 밝혀졌다. 아고산대의 여름은 짧다. 이 기간에 성장하려면 빛을 효율적으로 모을 수 있는 얇은 잎과 단백질 함유량이 많아서 광합성 능력이 좋은 잎이 필요하다. 너도밤나무의 잎은 두껍고 단백질은 적다. 이것이 너도밤나무가 한랭지에 진출하지 못하는 하나의 이유로 보인다.

아시아인, 다시 너도밤나무를 만나다

너도밤나무 4

북반구에는 너도밤나무가, 남반구에는 그것과 매우 비슷한 남방너도밤나무속이 분포한다. 잎과 열매의 형태가 비슷해 두 식물은 계통적으로 매우 가까운 사이임을 알 수 있다.

그 기원은 대륙 이동에서 추정할 수 있다. 중생대에 초대륙 판게아가 로라시아(Laurasia) 대륙과 곤드와나(Gondwana) 대륙으로 나뉘었다. 로라시아는 북반구 대륙의 기원이고, 곤드와나는 남반구 대륙의 기원이다. 따라서 너도밤나무와 남방너도밤나무속의 조상은 판게아에서 진화했을 가능성이 크다.

후쿠시마현의 너도밤나무 숲. 너도밤나무는 한랭한 냉온대에 분포하며 이곳은 농경에는 적합하지 않은 땅이었다. 아메리카 대륙으로 건너가기 전의 아시아인들은 이런 환경에서 수렵채집을 하며 살았다. 원래는 삼나무나 편백 같은 상록침엽수가 서식했기 때문에 고분 시대(古墳時代. 3세기 말~7세기-옮긴이) 이후에는 목재 자원으로 이용되었다.

참나무과에는 너도밤나무 외에도 졸참나무나 가시나무(*Quercus myrsinifolia*) 등이 포함된다. 너도밤나무나 졸참나무는 낙엽수이고, 가시나무는 상록수다. 지금까지 서술했듯이 낙엽수는 밝은 장소에서 잘 자라고, 낙엽수의 삼림 지면에서 성장할 수 있는 것이 상록수다. 같은 참나무과 안에서 성장 방식이 다른 종이 진화했다.

노토파구스과인 남방너도밤나무속에도 낙엽수와 상록수가 있다. 남미 칠레 최남단에 있는 나바리노섬에는 낙엽성 남방너도밤나무속이 2종, 상록성 남방너도밤나무속이 1종 분포한다. 낙엽성 식물의 잎은 졸참나무와, 그리고 상록성 식물의 잎은 가시나무와 비슷한 성질을 지녔다. 헤어진 지 1억 년도 넘은 참나무과와 노토파구스과 식물들이지만 그 적응 전략은 서로 닮았다.

아메리카 대륙의 원주민은 마지막 빙하기에 아시아에서 건너간 사람들이다. 빙하기 때 해수면이 낮아지며 아시아와 아메리카는 육로로 연결되었다. 그들은 그 길을 지나 아메리카 대륙으로 건너갔다고 여겨진다. 그 이후, 아시아인은 북아메리카에서 파나마 지협을 통해 남아메리카까지 진출했다. 지금으로부터 약 8천 년 전, 사람들은 남아메리카 최남단의 나바리노섬까지 이르렀다고 전해진다. 그들

나바리노섬의 남방너도밤나무속의 숲과 비글 해협, 그리고 파타고니아 산맥. 앞에는 낙엽성과 상록성 남방너도밤나무속의 혼교림이 펼쳐져 있다. 이곳에는 인간이 사는 세계 최남단 마을이 있다. 아시아인은 베링 해협이 육지로 이어져 있던 무렵에 아메리카로 건너와 약 8천 년 전 이곳에 도착했다. 그들은 가혹한 환경 속에서 수렵 채집을 하며 살았다.

을 야간족(Yaghan)이라고 부른다.

아시아에는 너도밤나무가 분포했고, 아메리카로 건너가기 전 아시아인은 너도밤나무 숲에서 생활했다. 조몬인(繩文人, 기원전 1만 3천 년경부터 기원전 300년경까지 일본 열도에 살았던 원주민-옮긴이)은 일본인의 뿌리 중 하나이고, 그들의 유적은 너도밤나무가 많은 한랭지에서도 흔히 발견된다. 아시아의 너도밤나무 숲을 나가서 몇천 년이 흐른 뒤에 아시아인은 남아메리카 남부에서 다시 너도밤나무와 닮은 나무를 만난다. 그것이 남방너도밤나무속이다.

너도밤나무가 분포하는 냉온대는 농업에 적합한 땅이 아니다. 그래서 너도밤나무 숲에서 살았던 조몬인은 기본적으로 수렵채집 생활을 했다. 남미의 남방너도밤나무속도 한랭한 지역에 분포했고, 그 숲에서 살았던 원주민도 수렵과 채집을 했다. 19세기에 찰스 다윈이 비글호를 타고 그 땅을 찾아갔을 때, 원주민들은 석기 시대의 생활을 이어오고 있었다. 금속으로 된 기기도 작물도 없는 생활은 힘들었으며 인구 밀도도 매우 낮았던 것 같다. 그들은 생선을 주식으로 했다.

그런 사실로 미뤄보면 농업은 따뜻하고 물이 풍부한 곳에서 가능하다는 사실이 이해가 간다. 나일강, 인더스강,

갠지스강, 황하강이라는 문명의 발상지는 분명히 그렇다. 농업으로 인구 밀도가 높아지자 많은 사람이 기술 발전을 공유하게 되었고, 이는 다시 기술 혁신을 더욱더 촉진하는 계기가 되었을 것이다.

너도밤나무와 재회한 아시아인은 농업과는 만나지 못했지만, 강인한 육체와 정신으로 가혹한 환경을 헤쳐 나갔다.

상처를
치료하다

일본잎갈나무

  작은 상처쯤은 우리 몸이 알아서 치유한다. 내 생애 가장 큰 외상은 반달가슴곰의 발톱에 긁힌 상처였다.

  닛코의 산속에서 식물을 찾고 있을 때였다. 문득 시선을 들어보니 곰이 이미 나를 향해 돌진해 오고 있었고, 피할 새도 없이 공격당했다. 오른발 공격은 곰의 발을 잡고 버텼지만, 다음 순간에 왼발의 발톱이 파고들었다. 그대로 곰과 엉겨 붙은 채 비탈길로 굴러떨어졌고, 나는 나뭇등걸에 부딪쳐 멈췄지만, 곰은 그대로 골짜기로 굴러갔다.

  꼬리뼈가 세게 부딪쳐 몹시 아팠지만, 그보다는 출혈이 심해서 깜짝 놀랐다. 피투성이가 된 채 병원에 달려가 상

일본잎갈나무의 상처. 깊이 2센티미터 정도였던 상처는 사방에서 형성된 유상조직에 의해 메워졌다. 동물의 깊은 상처는 육아조직(肉芽組織)에 의해 치료된다. 상처가 메워지면 조직의 증식이 멈추는 점도 비슷하다.

처를 꿰매고 나서야 겨우 진정이 되었다. 그로부터 일주일 후에 실밥을 뽑았는데, 결국 상처가 난 자리는 아물었지만 스무 바늘을 꿰맨 자국은 또렷했다.

식물도 상처를 치료한다. 상처 회복에 관여하는 조직을 유상조직(癒傷組織)이라고 한다. 닛코식물원의 일본잎갈나무(Larix kaempferi)에는 이런 조직이 28개 있다. 일본잎갈나무에 상처가 생긴 건, 우리가 줄기의 바람 저항 한계를 조사하려고 나무껍질과 형성층을 벗겨내 변형계라는 감지기를 부착했기 때문이다. 실험 결과, 일본잎갈나무는 풍속 100미터 정도는 견딜 수 있다는 사실이 드러났다. 데이터를 얻은 후에도 우리는 상처를 계속 관찰해서 회복하는 과정을 지켜볼 수 있었다.

일본잎갈나무는 우선 송진이 나와서 상처를 덮는다. 송진은 줄기에 벌레가 침입하지 못하도록 막는다고 알려져 있다. 그다음에 상처 부위의 모든 방향에서 유상조직이 중심을 향해 자라나기 시작했다. 사방 6센티미터 정도의 상처는 점차 메워졌고, 5년쯤 지나자 상처 중심까지 도달한 유상조직의 형성이 멈췄다.

의학부 선생님에게 보여주었더니 유상조직의 형성은 동물과도 비슷하다고 한다. 인접한 세포끼리 서로 엎치락뒤

치락할 때는 세포 증식이 일어나지 않는데, 상처가 생겨서 세포 사이에 작용하는 힘이 없어지면 증식이 시작된다. 상처가 아물면 세포끼리의 힘겨루기가 다시 시작되고 그 자극을 통해 세포 증식이 멈춘다고 한다.

생물이니까 상처 치유 방식이 비슷할 거라고 생각할 수 있다. 그러나 동물과 식물은 서로 다른 단세포 생물로부터 다세포 생물로 진화했다. 이는 동물과 식물이 각각 독자적으로 상처를 치료하는 방식을 진화시켰다는 의미다. 그런데도 상처 치유 방식이 닮아 있는 건 이 방법이 합리적이기 때문일 것이다.

곰에게 습격받은 지 20년이 훌쩍 지난 지금은 실밥 자국도 거의 눈에 띄지 않아서 사람들에게 자랑할 수도 없게 되었다. 곰과 맞붙었던 경험 이후로 곰이 돌진해 오면 내 쪽에서도 돌진하는 편이 좋겠다는 생각이 들었다.

몇 년 뒤, 다시 곰이 돌진해 왔을 때는 내가 오히려 큰 소리를 지르며 곰을 향해 달려갔다. 깜짝 놀란 곰은 부딪치기 직전에 가까스로 피했다. 그러나 이 방법이 최선인지는 의문이다. 과학실험은 반복하는 횟수가 중요하다. 일반성을 가지려면 내 쪽에서도 몇 번쯤 돌진하는 시도를 해야 한다. 대조실험으로서 자신이 돌진하지 않는 예도 늘려야 한다. 다행히도 그럴 기회는 아직 없었다.

날개가
하나인
헬리콥터

단풍나무

 단풍나무의 열매는 두 개가 한 조로 이루어져 있다. 각각 날개가 달려 있고, 두 개의 날개로 날아갈 것처럼 보인다. 그러나 이대로는 너무 빨리 떨어지므로 바람에 실려 날아갈 수 없다.

 두 개의 열매가 하나씩 분리되면 부풀어 오른 씨앗 부분을 중심으로 회전하며 천천히 떨어진다. 시간을 들여 떨어지는 동안에 씨앗은 바람에 실려 옆으로 날아간다. 항공기의 프로펠러는 두 개 혹은 세 개다. 잠자리 프로펠러 장난감은 두 개다. 그래서 날개 하나로 회전하는 열매를 보면 신기한 느낌이 든다.

단풍나무의 열매는 사진 속 위처럼 두 개가 한 조를 이루었다가 산포될 때는 아래처럼 분리된다.

 열매 모양을 살펴보면 날개 부분은 가볍고 부풀어 오른 씨앗 부분은 무겁다. 날개는 처음부터 프로펠러처럼 비틀려 있나 싶었는데 그렇지 않은 듯하다. 같은 열매가 왼쪽으로도 오른쪽으로도 회전한다. 다만 사진에서 날개의 윗부분이 공기를 가르는 쪽이며 꽤 튼튼하다.

단풍나무의 열매 모형을 만들어본 적이 있다. 예상하지 못한 방식으로 회전하거나 거의 회전하지 않는 등 언뜻 단순한 형태처럼 보이지만 아마추어는 도저히 만들기 힘들었다. 시행착오를 거친 생명체의 성과는 실로 대단하다.

단풍나무처럼 회전하는 날개로 낙하 속도를 늦추는 열매를 헬리콥터라고 부른다. 회전하지 않고 옆으로 미끄러지듯이 천천히 떨어지는 열매도 있다. 참마(*Dioscorea japonica*)의 열매가 그렇다. 마치 밀짚모자나 하늘을 나는 원반처럼 둥근 디스크 모양의 씨앗이 한가운데 실려 있다. 이런 씨앗을 글라이더라고 부르며, 모두 바람을 타고 퍼져 나간다.

그렇지만 수목의 씨앗은 그렇게 멀리까지 날아가지 않는다. 아무리 바람이 세도 겨우 100미터 정도에 그친다. 부모 바로 밑은 어두워서 살기 어려우니 조금만 떨어져 나오면 좋은 환경이 있을지도 모른다. 그러나 너무 멀리 날아가면 완전히 잘못된 환경에 놓일 수도 있으므로 조금만 날아가는 것이다.

한편 초본의 종자 중에는 멀리까지 날아가는 것도 많다. 이들은 산불이 난 곳이나 홍수가 난 곳 등 좀처럼 찾기 힘든 거친 땅을 찾아 훌쩍 날아간다.

악당이라는 누명

양미역취

국화과 양미역취는 메이지(1867~1912) 시대에 원예 식물로 일본에 들어왔다. 일본에 자생하는 미역취와 같은 과다. 영어 이름은 goldenrod이고, 현재는 공터를 점령하는 외래종이라서 사람들이 몹시 싫어한다. 씨앗은 바람을 타고 멀리까지 날아가는데, 공터가 생기면 재빨리 침입해서 자리를 차지한다.

일본에서 이런 성질을 가진 식물로는 참억새(*Miscanthus sinensis*)가 있다. 양미역취와 참억새 중 어느 것이 공터에 정착하거나 번식하는 데 강한지 알아보기 위해 식물원에서 경쟁 실험을 했다.

실험은 참억새 1개체와 양미역취 6개체로 시작했는데, 몇 년이 지나자 참억새의 세력이 양미역취를 뛰어넘더니 10년 후에는 양미역취를 거의 다 쫓아내버렸다. 빽빽한 다발로 자라는 참억새 사이에는 양미역취가 파고들지 못하지만, 양미역취의 성긴 그루에는 참억새가 쉽게 침입한다. 같은 관측 사례는 얼마든지 있는 모양이다.

그 밖에도 양미역취가 독을 내뿜어서 다른 식물을 죽인다든지 꽃가루 알레르기를 일으킨다는 말도 있지만 둘 다 누명에 불과하다. 독성 물질은 양미역취의 세포 바깥으로는 나오지 않는다. 이 물질은 아마도 벌레에 대한 방어 역할을 하는 것으로 보인다. 또 꽃가루는 벌레에 붙어서 운반되는 것이 목적이라서 점착력(粘着力)이 강하기 때문에 실제로는 바람에 날아가지 않으므로 꽃가루 알레르기의 원인이 될 수 없다. 양미역취는 어쩌면 너무 눈에 잘 띄는 탓에 괜한 오해를 사는 식물일지도 모른다. 늘 잡초 혹은 악당 취급을 받는 것도 그 때문일까. 꽃집에서는 양미역취를 학명인 '솔리다고(Solidago)'라는 이름으로 판매한다. 어쩔 수 없는 식물판 신분 세탁이다.

식물원에서 실험해보기 전까지 나 역시 양미역취를 몹시 싫어했다. 그러나 지금은 살짝 안쓰럽다. 참억새가 얼

양미역취와 꼭 닮은 꽃을 꽃집에서 종종 볼 수 있다. 하지만 '솔리다고'라는 학명으로 불리기 때문에 왠지 전혀 다른 꽃처럼 느껴진다.

마나 강한지 알고 난 뒤 마음에 여유가 생긴 덕분이다. 오히려 신경 쓰이는 것은 미역취인데, 이것은 산에서 자라는 식물이라서 서식지가 다르다. 그러니 양미역취가 재래종인 미역취를 대체하는 일은 없을 것이다.

'시드는 여름'의
의미

투구꽃

 어렸을 때 '시드는 여름'이라는 말을 듣고 고개를 갸웃했다. 여름이란 온통 초록으로 가득한 계절이 아닌가. 적어도 일본의 여름은 그랬다. 그러다 알게 되었다. 지중해성 기후 지역에서는 한여름의 언덕이 갈색의 마른풀로 뒤덮인다는 것을. 정말 그곳의 여름은 '시드는 여름'이었다.
 '시드는 여름'이라는 말은 여름에 꽃을 보기 힘든 것을 가리키는 말인지도 모른다. 일본에서는 고산 식물을 제외하면 한여름에 피는 꽃은 드물다. 꽃이 피는 나무는 봄에 많고, 풀꽃은 봄과 가을에 많다.
 풀꽃이 가을에 많은 이유는 1970~1980년대에 거의 밝

투구꽃도 가을에 핀다. 무악(舞樂)에서 쓰는 고깔과 비슷한 모양이다.

혀졌다. 일본에서는 식물의 생육 시기가 주로 봄에서 늦가을까지다. '그 생육 시기를 어떻게 활용해야 종자를 최대한 많이 남길 수 있는가'라는 문제가 수학적으로 해결된 것이다. 그에 따르면 봄에 발아한 식물은 초가을까지 잎, 줄기, 뿌리를 성장시키는 데 집중해야 한다. 이 기간에 꽃을 피우면 안 된다. 초가을 이후, 크게 성장한 식물은 생산한 모든 유기물을 꽃이나 종자를 만드는 데 사용한다. 그러니 여름에는 꽃이 별로 없고, 초가을이 되면 풀꽃이 일제히 피기 시작한다. 그리고 식물은 햇볕이 내리쬐는 시간(정확히는 밤의 길이)으로 초가을임을 인지한다.

봄에 꽃이 피는 풀은 대부분 가을에 발아해서 늦봄에 시든다. 이때 꽃을 피워야 하는 시기는 3월부터 4월이 된다. 고산 식물이 한여름에 만개하는 이유는 고산 지대의 생육 기간이 짧기 때문이다. 짧은 생육 기간에 종자를 많이 맺기 위해서는 여름 휴가철 무렵에는 꽃을 피워야만 한다. 그러나 봄에 꽃이 피는 나무가 많은 이유는 아직 분명하지 않다.

앞서 소개한 수학적 방법을 폰트랴긴 최대원리라고 부른다. 대학원 시절 이 원리를 알고 큰 충격을 받았다. 그 이후, 낙엽수의 성장을 분석하기 위해 최대원리를 한번 사용해본 일이 있는데, 문외한의 초보적인 방법이었다. 최근에 내 수업을 듣는 물리학과 학생이 정밀한 사용법을 전수해주었다. 불안정한 환경에서 자라는 식물의 생활도 최대원리로 설명할 수 있다고 한다. 이래서 도쿄대학에서 가르치는 일은 매력적이다.

계절 밖의 이야기

목재로
　　　알 수 있는
　　　　　식생

　에도 시대(1603~1868) 이전에는 목재를 멀리서 운반해 올 수 없었다. 건물을 지으려면 근방에서 자라는 나무를 사용할 수밖에 없었다. 그래서 오래된 건축물의 목재를 보면 그 시기 주변의 식생을 추정할 수 있다.

　닛코식물원에서 함께 일했던 옛 동료는 식물원에서 산 하나를 넘은 곳에 살았다. 200년이 넘는 역사를 가진 그 집은 대부분 전나무로 지어졌다. 그 시기에도 닛코 부근에는 전나무가 많았다는 사실을 알 수 있다.

　요즘에야 전나무는 아무도 거들떠보지 않지만, 눈이 별로 내리지 않는 지방에서는 요긴하게 잘 쓰였다. 야요이

국보인 도다이지(東大寺) 데가이몬(転害門)의 기둥. 이 기둥은 편백 통나무다. 예전에는 간사이 지방에도 천연 편백이 분포했다.

시대(기원전 3세기~기원후 3세기경)의 요시노가리나 도로(登呂) 유적에서 출토된 기둥 또한 전나무다. 근세에도 전나무는 여기저기 쓰였다. 국보인 히메지성이나 마쓰모토성의 기둥에도 전나무가 사용되었다.

한편 눈이 많이 내리는 지방에서는 삼나무(Cryptomeria japonica)를 사용했다. 일찍이 시마네현에 있는 이즈모타이샤 신사의 기둥이 삼나무였고, 기후현 시라카와 마을의 맞배지붕에도 삼나무가 사용되었다고 한다.

북쪽 지방에서는 아오모리 나한백(히바, Thujopsis dolabrata)이 주요한 목재다. 세계문화유산인 주손지(中尊寺)가 아오모리 나한백으로 지어졌다. 그 밖에 서쪽에 위치한 나라(奈良)에서는 편백(Chamaecyparis obtusa)이 주로 사용되었다. 일본에서 현존하는 가장 오래된 건축물인 호류지도 편백으로 지어졌다.

도호쿠대학 식물원에서 근무했던 스즈키 미쓰오 선생님은 목재의 수종을 분류하는 전문가다. 그는 건축물에 사용된 목재의 수종을 바탕으로 산지의 본래 식생을 다음과 같이 고찰했다. 북일본은 아오모리 나한백, 동일본은 전나무, 서해 연안은 삼나무, 서일본은 편백이나 전나무 등이다. 예전에는 이들 상록침엽수와 너도밤나무 등의 낙엽수가 섞여 자랐을 것이다.

주로 에도 시대에 산의 식생이 크게 달라졌다. 깊은 산속에서 목재를 실어 내면서 침엽수를 많이 벌채했다. 쓰가루 지역에서 만든 지도를 보면 시라카미 산지에서 아오모리 나한백이 사라지고 너도밤나무 숲이 되어가는 과정을 잘 알 수 있다. 남알프스(일본 중부의 아카이시산맥-옮긴이)의 산기슭에서는 침엽수를 공물로 바쳤기 때문에 산이 잡목림으로 바뀌었다는 사실 역시 널리 알려져 있다.

사바나와 목장

　벼과 식물은 유리의 원료인 단단한 규산으로 몸을 보호한다. 중생대 백악기라는 머나먼 시간 속에서 진화해온, 참으로 오래된 식물이다. 이 무렵, 규산이라는 갑옷은 꽤 효과적이었다. 주로 곤충이었던 초식동물은 이 갑옷을 제대로 씹을 수 없었기 때문이다. 그러나 신생대에는 어금니가 진화한 포유동물이 단단한 잎을 으깰 수 있게 되었다. 그 이후로 아린 맛이 적은 벼과 식물의 잎은 초식 포유류에게 최고의 먹거리가 되었다.

　그렇다면 벼과 식물로 이루어진 초원에서는 포유류가 몇 마리나 생활할 수 있을까? 계산상으로는 1헥타르당 체

초식 포유류의 천국은 사바나보다는 목장이다. 오키나와현의 이리오모테섬(西表島)에서.

중 600킬로그램인 소가 두세 마리 정도 서식할 수 있다.

그러나 야생동물의 보고인 탄자니아 세렝게티 국립공원의 초식 포유류를 소로 환산하면 1헥타르당 0.5마리 정도밖에 살지 않는다. 사바나의 식생은 볏과 식물이 중심이기 때문에 초식 포유류가 좀 더 많을 수도 있을 텐데 왜 그런

지 이유가 궁금해졌다.

먼저 사자 같은 육식 포유류의 존재를 생각해볼 수 있다. 그러나 세렝게티의 사자나 표범 등은 무게로 따지면 초식동물의 100분의 1 정도밖에 존재하지 않는다. 그래서 육식 포유류가 초식 포유류를 대량으로 사냥해서 그 수를 극단적으로 줄이는 것은 불가능하다. 그렇다면 무엇이 문제일까?

사바나는 건기가 유난히 길다. 이 오랜 건기는 굶주림과 갈증을 불러와 포유류의 개체 수를 자연스럽게 제한하는 듯하다. 하지만 역설적으로 건기가 있기 때문에 나무가 무성하게 자라지 못하고 볏과 식물이 가득한 사바나가 된다. 건기란 참으로 미묘한 존재인 셈이다.

사실 초식 포유류의 천국은 건기가 없는 지역에 인간이 만든 목장이다. 1년 내내 기온이 높으면 높을수록 좋다. 이런 곳은 원래 열대우림이나 아열대우림이 되지만, 그런 곳을 개간해서 볏과 목초를 심은 목장에서는 1년 내내 신선한 먹이가 무성하게 자란다. 일본에서는 오키나와의 목장이 바로 그런 곳이다. 다만 이런 장소는 다시 삼림으로 돌아가기가 쉽다. 사람이 계속 관리하지 않으면 천국은 금세 사라지고 만다.

수렵채집인과 야생 동식물

　농경민은 쌀이나 밀 같은 곡물을 직접 먹기도 하고, 곡물을 먹고 자란 가축의 고기를 먹기도 한다. 농경민에게 둘 중 어느 쪽이 더 많은 사람을 먹여 살릴 수 있는지 묻는다면, 전자라고 대답할 것이다. 한편 이 세상에는 농경을 하지 않는 수렵채집인도 살고 있다. 그들에게 식물과 동물 중 어느 쪽이 주요한 양식이냐고 묻는다면, 동물이라고 대답할 것이다. 왜 그럴까?
　내가 대학원생이었을 때 대학 동아리 후배와 함께 홋카이도의 산으로 계곡 트레킹을 간 적이 있다. 쌀과 조미료는 가져가고 부식은 현지에서 구하기로 했다. 첫날은 다이

세쓰산(大雪山)의 구와운나이강을 거슬러 올라가 민물고기인 곤들매기를 몇 마리 잡았다. 먹을 수 있는 채소는 없을까, 칼로리를 보충할 수 있는 식물은 없을까 하고 찾아보았지만 실패하고 곤들매기 소금구이와 쌀밥으로 저녁을 먹었다.

이처럼 야생에서 먹을 수 있는 식물을 찾기란 쉽지 않다. 수렵채집인도 마찬가지여서 그들은 필요한 열량을 동물에게서 꽤 많이 얻었다고 한다.

그러나 수렵채집인이 동물에 의존한다고는 해도 동물 역시 쉽게 손에 넣을 수는 없다. 앞에서도 소개했듯이 야생 식물은 포식자에게 먹히지 않기 위해 방어 수단을 진화시켜왔다. 독이나 타닌뿐만 아니라 단단한 세포벽을 만들기도 하며 온갖 수를 써서 동물을 농락했다. 그 강력한 방어 수단 덕분에 식물은 자신이 만들어낸 유기물 중에서 극히 일부분만 동물에게 빼앗긴다. 이 때문에 자연 속 동물의 수는 적은 것이다.

동물의 수가 적다고는 해도 조금은 손에 넣을 수 있다. 하지만 인간이 섭취할 수 있는 야생 식물의 종류는 그에 비하면 거의 없다고 해도 과언이 아니다. 그래서 수렵채집인에게는 식물보다 동물이 좋은 식량이 된다. 동물은 우리

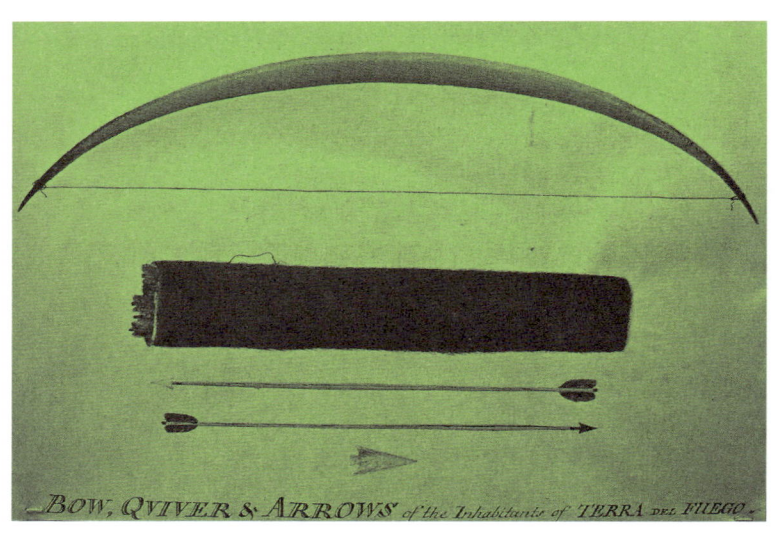

수렵채집인의 화살촉. 이것은 칠레 최남단 섬에 살던 야간족의 도구다. 농경민에게는 가래나 괭이가 필요하지만 수렵채집인에게는 사냥 도구가 중요했다.

가 먹을 수 없는 식물을 자신의 몸으로 소화해 고기로 바꿔주는 고마운 중개자인 셈이다. 이 세상에 식물밖에 없었다면 수렵채집인은 굶어 죽고 말았겠지만 다행히도 동물이 있어서 인간은 살아남을 수 있었다.

수렵채집 사회에서 육아에 쫓기는 아내와 한창 먹는 아이들을 위해 남자는 동물을 사냥하느라 하루에 20킬로미터를 걸었다. 이런 이유로 남자들은 육체노동에 적합한 신체를 갖추게 되었다.

연구자들이 수렵채집인의 식량을 연구한 결과, 칼로리를 바탕으로 한 데이터가 축적되었다. 이 데이터에 따르면 수렵채집인 남자들은 죽을 때까지 사냥을 계속해야만 한다. 그러지 않으면 가족이 존속하는 데 필요한 수만큼 후손을 길러낼 수 없었기 때문이다.

오늘 메뉴는 무엇으로 할까, 슈퍼에 가서 생각해볼까, 하는 여유로운 생활은 농사를 짓기 시작하면서 가능해졌다. 그러니 농업인들에게 감사하지 않으면 벌을 받을 것이다.

내가 구와운나이강을 여행한 지 몇 년 뒤 이 계곡은 더는 거슬러 올라갈 수 없게 되었다. 사고가 잦았기 때문이다. 지금은 금지가 풀린 모양이니 곤들매기를 만나러 가볼까 싶다. 하지만 이번에는 보기만 해야겠다.

풀의
고향

생물학에서는 풀을 초본(草本), 나무를 목본(木本)이라고 한다. 목본식물의 줄기는 매년 자라지만 초본식물의 줄기는 1년 안에 말라 죽는다. 줄기뿐만 아니라 뿌리도 마찬가지다. 다음 해까지 살아남는 것은 씨앗, 땅속줄기 그리고 알뿌리뿐이다.

습기가 많은 일본에서는 목본이 우세해서 금세 삼림이 우거진다. 원시림이라도 되면 그 지표면이 어두워져서 키가 작은 초본은 살아남기 어렵다. 우리의 선조가 삼림을 개간하기 전에는 초본이 하천 범람원을 본거지로 살아왔을 것이다.

범람원에서는 태풍으로 인한 홍수가 자주 발생한다. 그때마다 물길이 달라지고 토사가 퇴적되었다가 다시 깎이곤 했다. 이런 불안정한 환경은 목본식물에 좋지 않다. 대부분의 목본은 발아한 후로 몇십 년 동안이나 개화하지 않고 오로지 성장하기만 한다. 이런 특성 때문에 환경이 불안정한 범람원에서는 종자를 남기기 전에 죽을 가능성이 크다.

한편 초본은 발아한 해에 개화하기도 하고 씨앗 상태로 홍수를 넘길 수도 있다. 게다가 범람원에는 햇빛이 듬뿍 쏟아진다.

간토평야는 일본 최대의 평야이며, 이곳에는 범람을 반복해온 하천이 많다. 도네강, 아라카와강, 기누강, 나카강 등이다. 그리고 일찍이 간토평야에는 범람원이 넓게 펼쳐져 있어서 초본식물의 천국이었다.

그것을 바꾼 사람이 도쿠가와 이에야스(1542~1616. 에도 시대를 연 초대 쇼군-옮긴이)다. 에도로 흘러 들어온 도네강의 물길을 와타라세강이나 기누강 등으로 돌려 조시(銚子) 지역으로 흐르게 했다. 게다가 아라카와강의 물길도 바꾸었다. 이 일로 간토평야 남부는 홍수가 줄어들었고 사람들의 생활은 안정되었다. 그러나 초본의 입장에서는 원래 넓게 퍼져

와타라세강에 놓인 와타라세 다리 부근의 하천 부지. 풀은 원래 이런 곳에서 자란다.

아시카가시(足利市).

자라던 서식지가 이제 제방에 둘러싸인 좁은 하천 부지로 바뀌고 말았다.

어느 가을, 하천 부지를 촬영한다는 명목으로 와타라세 다리에 간 적이 있다. 30년 전에 유행했던 노래 〈와타라세 다리〉는 모리타카 치사토의 대표곡이다. 그날, 모리타카의 팬 몇몇도 역시 성지가 된 그 다리를 찾았다. 숨은 팬인 나는 나잇값도 못 하고 성지 순례에 나서는 구실을 만들려고 '잡지 취재'라는 핑계를 댔다.

동물의 수명,
식물의 수명

　세포에는 평생 수많은 돌연변이가 생긴다. 그중에는 생존에 해로운 것도 있다. 동물의 수명은 해로운 돌연변이의 축적과 어느 정도 관련이 있어 보인다. 물론 돌연변이뿐만 아니라 나이가 들면서 생기는 생리 기능의 저하, 즉 피할 수 없는 노화가 동물의 수명을 결정한다고 봐도 좋다.

　식물의 수명은 줄기를 썩게 하는 균류(곰팡이)와의 힘겨루기로 결정된다. 단단하고 묵직한 줄기를 만드는 식물은 균류가 침투하기 어려워서 수명이 길다. 이에 반해 부드럽고 가벼운 줄기를 만드는 식물은 균류가 침투하기 쉬워서 수명이 짧다.

그러나 가벼운 줄기는 빨리 성장한다는 이점이 있다. 묵직한 줄기는 수명이 길지만 아무래도 성장이 더디다. 식물의 수명과 성장 속도의 관계도 트레이드오프(이율배반)가 성립한다.

수명이 짧지만 빨리 성장하는 벚꽃 같은 식물은 햇빛이 가득한 곳에서 그 특색을 유지한다. 어두운 곳에서는 아무래도 성장이 늦어지기 때문이다. 그리고 일찌감치 꽃을 피우고 씨앗을 남긴다.

상록수 편에서 소개했듯이 잎의 수명은 긴데 성장이 느린 식물은 밝은 장소라면 발아 초기의 경쟁에서 지고 만다. 그래서 어두운 삼림 지면에서 성장할 수밖에 없다. 그런 곳에서 착실하게 자라 유년기를 몇십 년이나 보낸 뒤에 개화한다. 목검을 만드는 데 쓰이는 매우 단단한 떡갈나무도 여기에 속한다.

수명이 긴 식물이라면 야쿠섬(屋久島)의 삼나무 야쿠스기가 제일인데, 어릴 때 만든 줄기와 나이 든 뒤에 만들어진 줄기의 성질이 전혀 다르다. 어릴 때는 가볍고 부드럽지만 해가 지날수록 묵직하고 단단해진다. 그래서 쉽게 썩지 않는다. 야쿠스기 공예품은 이 단단한 줄기로 만들어진다. 현재는 벌채가 금지되어서 땅속에 묻혀 있는 말라서 죽어

야쿠섬의 조몬스기(繩文杉. 일본의 신석기인 조몬기부터 살았다고 해서 붙여진 이름-옮긴이)는 지금도 종자를 맺는다. 나이가 들수록 점점 더 번성한다. 비틀리고 거대한 줄기에는 쉽게 다가설 수 없는 위엄이 느껴진다.

버린 고사목을 파내서 가공한다고 한다.

  그런데 문득 식물의 돌연변이가 궁금해진다. 식물에서는 돌연변이가 원인이라고 여겨지는 노화 현상을 거의 찾아볼 수 없다. 우리는 늘 노화의 이유를 알고 싶지만, 괴로운 것은 늙어가는 자신뿐이다. 소년은 쉽게 늙고 학문은 이루기 어렵다.

완벽을 향한 열망과 박물학

완벽을 향한 열망은 어쩌면 사람의 유전자에 새겨진 본능일지도 모른다. 아이들은 포켓몬 카드를 빠짐없이 모으고 싶어 하고, 어른이 되면 그 수집하는 대상이 더 많아진다. 이런 인간의 본성이 학문의 영역까지 확장된 것이 바로 박물학이라고 해도 과언은 아닐 것이다. 박물학의 기원은 고대 그리스까지 거슬러 올라간다. 아리스토텔레스도 박물학자였다.

세상에 있는 모든 식물에 학명을 붙이고 그 특징을 기록하려 한 근대의 박물학은 18세기 스웨덴 식물학자 카를 폰 린네로부터 비롯되었다. 학명에는 제각각 의미가 있는데 속명과 종명 순서로 이름을 붙인다. 이는 린네의 업적이다. 일본의 식물 수집은 에도 시대에 시작되었고, 독일의 의사이자 박물학자인 필립 프란츠 폰 지볼트 등에 의해 본격적으로 행해졌다. 그 후계자가 마키노 도미타로(牧野富太郞)였다.

마키노 도미타로를 주인공으로 한 TV 드라마가 나오기도 했으며, 그의 인생은 책으로도 많이 쓰였다. 여기서는 그의 완벽을 향한 열망에 대해서만 언급하려고 한다. 이동이 편리하지 않았던 시대에 그는 1,500종 이상의 새로운 종을 수집해서 이름을 짓고 수십만 개나 되는 표본을 소장했다고 한다. 그에 견줄 만한 인물은 에도 시대에 일본 지도를 만든 이노 다다타카(伊能忠敬) 정도일 것이다. 그는 일본 전국을 구석구석 걸어 다니며 지도를 완성한 초인이다. 두 사람은 '궁극의 오타쿠'라고 부를 만하니 서로 만났다면 신나게 이야기를 나누지 않았을까.

그들과 다르게 나는 완벽을 향한 열망이 없다. 마키노 도미타로처럼 식물원에서 일하지만 말이다. 내가 하는 일은 이미 알려진 현상의 뒤에 감춰진 원리를 추측하고 확인하는 작업이다. 취미로 하는 등산도 마찬가지다. 친구 중에는 일본의 100대 명산을 완등하고 지금은 300대 명산에

마키노 도미타로가 닛코에서 명명한 너도제비란 Hemipilia joo-iokiana. 난초과이고 엷은 보라색의 아름다운 꽃이 특징이다. 크기가 작아서인지 경쟁자가 적은 암벽에서 주로 발견된다.

도전하는 열정 넘치는 등반가가 있다. 나는 같은 산이라도 다른 루트나 더 어려운 루트에 도전하는 것을 좋아한다.

내게는 박물학자로서 재능이 없기도 해서 앞선 연구자들의 박물학적 연구에 무한한 경의를 표하는 바이다. 모든 연구는 현상에 대한 철저한 기록에서 시작된다. 그리고 그 안에 숨겨진 일반성을 도출한다. 이때 예외를 기록에서 빼서는 절대 안 된다. 나중에 "예외야말로 본질이었다"라는 경우도 종종 있기 때문이다. 연구할 때는 모든 기록을 공평하게 남기는 것이 중요하다.

일본의 식생에 대해 예를 들어보자. 고등학교 교과서에는 냉온대의 식생이 낙엽활엽수림이라고 나와 있다. 현재의 삼림이 너도밤나무 같은 낙엽활엽수가 중심이기 때문이다. 그러나 식생학자들은 냉온대에도 상록침엽수가 분포한다고 분명히 기록했다. 21세기에 들어와 역사학자들이 고문서를 검토하면서 냉온대는 상록침엽수가 많은 삼림이었다고 밝혀주었다. 구체적으로는 삼나무나 편백의 본거지가 냉온대였다. 에도 시대에 행해진 벌채 때문에 많이 사라졌다는 사실도 고문서에서 살펴볼 수 있다.

만약 식생학자가 남아 있는 상록침엽수의 존재를 기록하지 않았더라면 역사학적인 식생 연구와 현재의 식생 연구는 크게 어긋난 채였을 것이다. 그러나 '예외'로 무시하기 쉬운 상록침엽수의 존재를 기록으로 남겨 냉온대 본래의 식생과 역사적인 변천 과정을 이해할 수 있게 되었다. 이런 박물학적인 연구 덕택에 내 연구실의 대학원생이 '상록침엽수가 냉온대림의 주역 중 하나가 되는 이유는 무엇인가'라는 문제에 도전할 수 있었다.

뇌가
없어도

 식물과 동물의 차이를 묻는다면 뭐라고 대답할까. 먼저 움직일 수 있는지 없는지, 다음은 광합성을 할 수 있는지 없는지가 일반적인 차이점일 것이다. 나는 그와 더불어 뇌의 유무를 꼭 언급하고 싶다.

 동물과 달리 식물에는 뇌가 없다. 즉 사령탑이 없다. 그런데도 식물체는 유능한 지휘자가 있는 것처럼 통합적으로 움직인다.

 지상부와 지하부의 크기를 보자. 흙 속에 질소 영양분이 부족하면 식물은 뿌리를 크게 만들어 질소 흡수에 주력한다. 또 어두운 환경에서는 지상부를 크게 만들어 빛을 포

밝은 장소(좌)와 어두운 장소(우)의 어린 전나무. 뿌리 크기가 완전히 다르다.

착하는 데 집중한다. 이때 나타나는 지상부와 지하부의 비율은 이론적으로 각각의 환경에서 성장 속도를 최대화하기 위한 최적치에 가깝다. 이 얼마나 노련한가.

식물 개체를 성장에 가장 좋은 상태로 통합하기 위한 원리는 거의 알려지지 않았다. 뇌가 없는 식물은 각각의 기관이 스스로 외부 환경과 식물체 전체의 상태를 파악한다. 이것을 바탕으로 각 기관이 해야 할 일을 결정하고 실행한다. 이처럼 동물과는 전혀 다른 통합적인 방식은 쉽게 이해하기 어렵다.

이해를 돕는 한 가지 방법은 컴퓨터상에 식물의 구조를 재현한 뒤 가장 '단순'한 방식으로 통합하는 방법을 찾아보는 것이다. 여기에는 생물 진화는 단순하고 품이 덜 드는 방향을 선호한다는 전제가 깔려 있다. 조금 철학적이지만 이것은 생물을 관찰할 때의 기본이기도 하다.

계산과 실측의 결과, 지상부와 지하부의 제어에는 이미 알려진 두 가지 물질이 관여하는 듯하다. 그중 하나는 아직 파악하지 못했다. 그러나 미지의 정보 전달 물질이 또 하나 있는 건 알아냈으니 반걸음 전진했다고 해야 할까.

도쿄대학 구내에서는 몇 년에 한 번씩 은행나무의 큰 가지를 싹둑 잘라버린다. 그래서 한동안은 처참한 모습을 드러내지만 머지않아 가지에 잎이 나서 원래대로 돌아간다. 의인화하면 "잎이 너무 적잖아. 얼른 잎을 늘려야겠다"라고 판단하기 때문이다. 식물도 꽤 똑똑하다.

식물의 눈

초등학생 때 봉선화(*Impatiens balsamina*) 재배에 큰 실패를 맛보았다. 땅에 구멍을 파서 씨앗을 뿌린 다음 조심스레 흙을 덮었다. 매일 물을 주었는데도 싹이 틀 기미가 보이지 않았다. 흙을 덮지 않은 친구의 씨앗은 금세 싹이 텄는데.

실패의 원인을 깨달은 것은 한참이 지난 뒤인 대학 3학년 때다. 식물의 종자 중에는 빛이 닿으면 싹이 트는 광발아종자(光發芽種子)가 있다는 사실을 알게 되었다. 아마도 그 봉선화는 광발아종자였던 모양이다.

흙 속 깊은 곳에서 발아하면 싹은 땅 위로 올라오지 못한다. 그래서 광발아종자는 땅이 일구어지거나 해서 지표면 가까이 나왔을 때만 발아한다. 그뿐만이 아니다. 광발아종자는 빛의 색에 따라서도 발아하거나 하지 않거나 한다.

광발아종자의 발아에는 피토크롬(phytochrome)이라는 단백질이 작동하며 피토크롬은 빛의 색을 식별한다. 광발아종자는 피토크롬을 통해 적색 빛이 많으면 발아하고, 어둡거나 적색보다 파장이 긴 빛(원적색광)이 많으면 발아하지 않는다.

앞쪽 사진처럼 상공에 잎이 무성하면 식물에 닿는 빛이 약한 데다 적색광보다 원적색광의 비율이 높아진다. 잎은 적색광을 흡수하지만, 원적색광은 흡수하기 어렵기 때문이다. 빛이 약한 환경에서는 강한 빛이 필요한 식물은 살 수 없다. 그런 식물의 광발아종자는 원적색광이 많다는 사실에서 빛이 약하다는 사실을 알아채고 발아를 포기한다. 그리고 위를 덮고 있는 나무가 쓰러져 적색광이 많은 강한 빛이 닿기를 하염없이 기다린다. 때로는 몇십 년이나.

피토크롬은 낮의 길이를 감지해 개화 시기를 결정할 뿐 아니라, 주변에 경쟁 식물이 있는지도 알아차리는 데 사용된다. 경쟁자의 잎이 자신의 주위에 있으면 원적색광이 많

어안 렌즈로 위쪽을 찍은 하늘 사진. 이것은 숲속에서 찍은 것이다. 식물은 위에서 오는 빛의 세기뿐만 아니라 색도 본다.

아진다. 이때 식물은 성장 속도를 높여서 빛을 차지하기 위한 경쟁에 대비한다.

식물은 그 밖에도 빛을 감지하는 단백질을 가지고 있다. 이런 단백질은 마치 식물의 눈 역할을 하는 셈이다.

침식은
막을 수
없다

다음 페이지에 있는 사진 속 상황을 알 수 있을까. 이것은 식물원에서 강모래를 쌓아둔 장소에 생긴 작은 탑이다. 비가 많이 온 뒤에 출현했다.

강모래에는 지름 5밀리미터부터 1센티미터 정도 되는 자갈이 섞여 있다. 비는 돌 주변에 있는 모래를 침식한다. 그러나 돌 아래 있는 모래는 돌 때문에 그대로 유지된다. 그 결과, 돌과 그 밑의 모래가 탑처럼 남는다. 튀르키예 카파도키아의 버섯 모양 탑이 생성되는 방식도 이와 같다고 한다. 다만 높이는 수백분의 일에 지나지 않는 미니 카파도키아 버섯 탑이다.

높이 5센티미터 정도의 모래 탑. 정상에는 반드시 자갈이 놓여 있다. 카메라 렌즈를 들여다보니 카파도키아 여행을 하는 듯한 착각에 빠진다.

물의 힘은 대단하지만, 단단한 암석을 물만으로 깎아내기는 어렵다. 닛코식물원 남쪽에는 다이야강이 흐르는데, 양쪽 물가로는 반들반들하게 닳은 바위가 보인다. 태풍 때문에 호우가 내리면 다이야강은 탁류로 변하고 토사가 쓸려 내려온다. 때로는 지름 1미터가 넘어 보이는 커다란 돌도 떠내려온다. 이런 돌이나 모래 입자가 서로 충돌하며 바위를 깎아 닳게 한다.

그렇다면 비 때문에 깎여 나간 진짜 카파도키아 버섯 모양 탑도 정상에 있는 모자 모양의 암석 외에는 꽤 부드러울 것이다.

닛코에는 모래와 자갈이 겹겹이 쌓여 형성된 화산이 많다. 이런 산은 카파도키아처럼 오직 물의 힘만으로도 쉽게 깎여 나간다. 뇨호산 남쪽에 깊이 자리한 운류계곡은 몇만 년에 걸쳐 물이 화산을 침식해서 만들어진 험한 골짜기다. 붕괴지가 몇 개나 있는 난타이산도 침식이 계속되는 산이다. 후지산 오사와 붕괴지도 마찬가지다. 이곳에는 침식을 막기 위해 수많은 둑이 설치되어 있다. 그래도 침식은 계속된다.

산의 붕괴는 산이 생긴 순간부터 자연스럽게 시작된 현상이다. 인간 생활에 직접적인 영향을 주지 않는 붕괴마저 억지로 막아야 할까. 붕괴도 자연 현상의 일부분일 뿐이다.

그런데 식물의 뿌리가 산의 붕괴를 막을 수 있는지 어떤지는 그리 단순한 문제가 아니다. 앞에서 언급했듯이 대부분의 식물은 뿌리를 토양의 얕은 층에 내린다. 그런데 이러한 뿌리층보다 더 깊은 지층이 붕괴하면, 식물은 뿌리로 지반을 붙잡을 수 없기 때문에 저항할 수 없다. 이럴 경우 나무들이 뿌리째 뽑힌 채 수직을 유지하며 산비탈을 따라 골짜기 아래로 밀려 내려간다. 이런 심층 산사태 앞에서는 식물도 무력할 수밖에 없다.

젊은 산

"인류가 살아온 역사는 큰 나무보다 오래됐지만 산보다는 짧다." 이것은 미국 가수 존 덴버의 노래 〈컨트리 로드〉의 한 구절이다. 조금은 각색해서 번역했으니 이해해주기 바란다. 미국인은 실제로 노래 가사처럼 생각하겠지만 일본인은 다르다. 활화산이 많은 일본에서는 인간의 삶이 산보다 오래된 예도 있기 때문이다. 인간이 일본 열도에 온 것은 3만 년 전쯤인 듯한데 그 이후에 생긴 산도 많다. 미국인 친구와 오쿠닛코(奧日光)에 갔을 때 일이다. "난타이산은 2만 년 전쯤 분화로 생겼네. 일본인의 역사보다 짧지"라고 알려주었더니 "Amazing!"이라는 답이 돌아왔다. 화

후지산 고텐바구치의 사력지(沙礫地). 본봉의 왼쪽에 있는 산이 호에이 시대에 새로 생긴 호에이 분화구.

산이 적은 지역에서 자란 사람은 이렇게 젊은 산의 존재를 신기하게 여기는 듯하다. 아무래도 그들의 로키산맥은 공룡시대 이전에 생겼다고 하니 그럴 만도 하다.

후지산은 더 젊다. 유사(有史) 시대에도 분화를 거듭해왔고 가장 마지막 분화는 호에이 시대(1704~1711)에 일어났다. 지금으로부터 겨우 300년쯤 전의 일이다. 후지산 등산 코스 중 고텐바구치(御殿場口)는 이때 분출된 모래와 자갈로 덮여 있다.

그곳에는 여뀌과(마디풀과)의 호장근이 먼저 번성한 뒤 모자이크처럼 퍼져 나갔다. 이후에는 그 중심부에 볏과 식물 등이 끼어들고 식물의 종류가 점차 늘어났다. 가장 먼저 자라기 시작한 나무는 일본잎갈나무나 버드나무과(Salicaceae) 식물이었다. 앞으로 1천 년 뒤면 삼림이 무성하게 부활할지도 모른다. 이러한 식물의 변천을 식생천이(植生遷移)라고 한다.

대학원 석사 과정 때부터 나는 후지산 고텐바구치 부근에서 식생천이에 관해 연구했다. 박사 과정을 시작할 무렵, 구로사와 아키라 감독의 〈란〉 촬영 때문에 조사지 주변의 식생이 무참히 망가졌다. 나는 바로 연구 주제를 바꿔 토양미생물 연구로 학위를 땄다. 그런 일이 없어도 일본의 자연은 변화가 빠르다. 인간도 재빨리 변신하지 않으면 살아갈 수 없다.

사진은 고텐바구치에서 본 후지산. 붉은 기운을 띤 후지산을 담으려고 전날 밤부터 기다린 보람이 있었다. 사진이 흑백인 점이 못내 아쉽다.

가지를
만드는
방법은

『쓰레즈레구사(徒然草)』(일본 중세의 대표적 산문집-옮긴이)에 "집을 지을 때는 여름을 우선해야 한다"라는 문장이 있다. 생물이 살아가는 방식에도 어떠한 규범이 있다.

줄기에서 뻗은 가지는 계속 갈라지며 점차 가늘어진다. 그리고 그 끝에는 잎이 달린다. 각각의 가지에는 힘이 가해지는데, 이는 그 각각의 가지에서 뻗어 나온 가지와 잎에 의해 생기는 '힘의 모멘트(회전하려는 힘을 가리키며 힘의 크기와 팔의 길이에 비례한다-옮긴이)'가 원인이다.

맥주병을 잡고 팔을 뻗어보자. 손목, 팔꿈치, 어깨에 힘이 가해지는 것을 느낄 수 있을 것이다. 특히 맥주병에서 멀리 떨어진 어깨에 가해지는 힘이 크다. 이런 힘에 대항할 수 있도록 나뭇가지는 연결 부위에 가까울수록 두껍다.

공학의 세계에서는 구조물의 안전을 가늠하기 위해 '안전율'이라는 개념을 사용한다. 예를 들어 파괴에 필요한 힘을 실제로 가해지는 힘으로 나눈 값이 그것이다. 닛코식물원에서 자라는 너도밤나무와 니코전나무(*Abies homolepis*)의 가지를 이용해 한 대학원생이 이 안전율을 직접 측정해 보았다. 그러자 가지 맨 아래 부위에서 가지 끝까지 4에서 8 사이에서 유지된다는 사실을 알았다. 상당히 차이가 있다고 여길지도 모른다. 그러나 가지의 형태가 복잡하다는 점, 게다가 공업 제품이 아니라는 점을 고려하면 안전율 값은 매우 좁은 범위에 걸쳐 있다.

안전율을 거의 일정하게 유지하도록 만들려면 가지에 가해지는 힘을 측정하는 센서가 필요하다. 게다가 센서의 정보를 바탕으로 가지를 굵게 하거나 반대로 성장을 멈추게 하는 장치도 필요하다. 에틸렌이라는 식물 호르몬이 정보 전달에 관여한다는 사실까지는 알려져 있다. 그러나 그 원리 전체에 대해서는 아직 모르는 것투성이다. 우선 '가지를 만들려면 안전율을 우선해야 한다'라는 규범이 있는 것은 분명해 보인다.

도쿄대학 야스다 강당 앞 녹나무는 매우 복잡한 형태를 하고 있지만, 그 기준은 아마도 안전율일 것이다.

그런데 이렇게 가지의 형태가 만들어질 경우, 분기(分岐)하기 전 줄기의 지름을 세제곱한 값은 분기 후 가지들 지름의 세제곱 값들을 모두 더한 값과 놀라울 정도로 일치한다. 이에 대한 대립 가설은 다빈치가 내놓았다. 그는 제곱이 일치한다는 메모를 남겨두었는데, 이것을 다빈치 법칙이라고 한다. 식물원에서 측정해본 결과는 당연히 세제곱 쪽을 뒷받침한다. 나 자신이 대단하다기보다는 다빈치의 재능에 더 놀랐다.

충영과
IPS 세포

2012년은 IPS(induced pluripotent stem cells, 유도만능줄기세포-옮긴이) 세포의 해였다. 이 연구에서 흥미로운 부분은 세포가 어떤 조직이나 기관으로든 분화될 수 있다는 분화전능성(totipotent)이 동물 세포에서 처음으로 증명되었다는 사실이다.

한편 식물 세포의 분화전능성은 몇 세기 전부터 알려져 왔다. 예를 들어 줄기만으로 꺾꽂이해도 뿌리가 나온다. 실험실에서라면 식물체에서 추출한 하나의 세포로부터 개체를 재생하는 것도 간단하다. 식물 세포는 원래부터 IPS 세포인 셈이다.

벌레 중에는 이 분화전능이라는 식물 세포의 특성을 이용하는 것이 있다. 식물을 잘 조작해서 자기 집을 만들어 낸다. 이것을 '충영(蟲癭)'이라고 한다.

사진의 충영은 머루잎뾰족혹파리가 머루 잎에 만든 작은 혹이다. 크기는 겨우 7~8밀리미터이며, 새빨개서 열매처럼 보이기도 한다. 그 안에는 벌레 유충이 한 마리 들어 있다. 이 충영은 유충이 외부의 적으로부터 자신을 보호하는 집이자 식량이기도 하다.

최근 이 충영이 만들어지는 원리를 알게 되었다. 벌레는 옥신이나 시토키닌과 같은 식물 호르몬을 독자적으로 합성한다. 이 호르몬을 이용해서 이미 다 자란 잎을 다시 성장하게 유도해 사진과 같은 형태로 만든다. 벌레는 IPS 세포를 이용한 재생 의료와 같은 일을 하는 것이다.

마지막으로 진짜 재생 의료에 관한 이야기를 조금 해볼까.

학부생 시절, 교토대학의 오카다 도킨도 선생님의 집중 강의를 들은 적이 있다. 암세포 내부에서 수정체 등이 재분화했다는 이야기에 깜짝 놀랐다. 암은 탈분화해서 증식을 멈추지 않는 세포다. 그런 암세포도 때로는 재분화해서 증식을 멈추는 것이다. 오카다 선생님은 이 성질을 강화하

머루 잎이 변형되어 형성된 머루잎뾰족혹파리의 충영. 빨간 열매처럼 보인다.

면 암을 억제할 수 있다고 말한 것 같다.

 그때, 암세포 내부에 만들어진 조직이나 기관을 재생 의료에 사용하는 것을 내가 생각해냈다면 지금쯤……. 쓸데없는 상상인가.

눈 아래 적,
머리 위 위협

〈눈 아래 적〉(국내에서는 〈상과 하〉라는 제목으로 1960년에 개봉-옮긴이)이라는 오래된 영화가 있다. 제2차 세계대전 중에 독일의 잠수함과 그 잠수함을 쫓는 미국 구축함의 숨 막히는 공방을 그린 작품이다. 잎 속에서 굴을 만들며 파먹는 잠엽성(潛葉性) 곤충과 기생벌의 관계도 이와 비슷하다. 실제로는 '눈 아래 적'이 아니라 '눈 아래 먹이'지만.

굴파리과를 비롯한 잠엽성 곤충은 잎 속에 알을 낳는다. 국화과 식물을 좋아하는 종도 많다. 쓰고 떫은 국화과 잎을 섭식할 수 있도록 진화한 드문 생물이다.

잠엽성 곤충의 유충은 상하 표피 사이에 있는 세포를 먹

잠엽성 곤충은 잎 내부를 먹으면서 굴을 파 나간다. 하얀 줄이 그 굴이다. 이것을 기생벌이 노린다.

고 성장한다. 굴을 파고 나가듯이 섭식하기 때문에 잎에는 하얀 줄로 된 흔적이 남는다. 하얀 줄은 점점 굵어져서 유충이 성장했다는 사실을 알 수 있다.

이 유충을 노리는 것이 기생벌이다. 하얀 줄을 따라 유충을 쫓다가 발견하면 그곳에 알을 낳는다. 기생벌이 유충

발견에 성공하면 잎에서 성충이 되는 것은 그 유충을 먹고 자란 기생벌이다.

하얀 줄이 교차하면 기생벌한테 발견될 가능성이 작아지는 모양이다. 기생벌이 교차점에서 당황하기 때문이다. 또 잠엽성 곤충은 보통 식물 한 개체에 하나의 알을 낳는다. 게다가 근접한 식물 개체에도 알을 낳지 않는다. 이러한 산란 방법 역시 유충이 기생벌에게 발견될 확률을 낮추는 데 도움이 되는지도 모른다.

단순히 먹고 먹히는 관계에서 포식자는 피식자의 수를 지나치게 줄이지 않는 편이다. 그러나 기생벌은 보통내기가 아니다. 기생벌은 사냥감을 발견하면 잇달아 알을 낳는다. 이런 방식이라면 피식자의 수가 급격히 줄어들 수도 있다. 그러므로 기생벌에 대항하기 위해서는 발견되지 않는 것이 가장 좋다.

식물의 관점에서 보면 잠엽성 곤충의 산란 방법이 유리하다. 하나의 개체당 잎을 한 장만 먹히는데 그 잎도 전부 먹히지는 않기 때문이다.

잠엽성 곤충에게 기생벌은 '머리 위 위협'이다. 이것도 영화 제목이다.

반달가슴곰의
잡다한 재주

 곰과 마주치기 쉬운 사람과 그렇지 않은 사람이 있다. 그것은 등산로처럼 사람들이 다니는 길을 벗어나느냐, 아니냐에 달려 있다.
 사람이 다니는 길에서 벗어난 나는 곰과 다섯 번 마주친 적이 있다. 두 번은 곰이 돌진해 왔다. 한번은 정면으로 맞붙었고, 한번은 나도 돌진해보았더니 곰이 겁을 먹었는지 비켜났다. 맞붙었을 때 팔에 생긴 발톱 자국이 은근히 자랑이었는데, 아쉽게도 요즘 들어 조금씩 옅어지고 있다.
 가을이면 곰은 너도밤나무나 물참나무의 열매를 먹으려고 나무에 올라가 가지를 꺾는다. 몸집이 큰 곰은 열매가 달린 가느다란 가지까지는 올라갈 수 없어서 가지를 꺾어 열매를 손에 넣는다. 꺾은 가지는 아래로 떨어뜨리지 않고 커다란 가지 위에 차곡차곡 쌓아둔다. 이것을 '상사리'라고 한다. 그 위에서 곰은 필사적으로 열매를 먹는다. 겨울이 오기 전에 피하지방을 많이 비축해야 한다. 곰은 피하지방을 소비하면서 먹이가 적은 겨울을 나기 때문이다.

 나무 열매가 맺히는 해는 운이 좋은 편이다. 나무 열매가 풍작을 이루는 것은 몇 년에 한 번이므로 대체로 곰은 굶주려 있어서 무엇이든지 닥치는 대로 먹는다. 나무의 싹, 땅벌, 때로는 사슴까지도. 이러한 식성을 잡식이라고 한다.
 다양한 종류의 먹이를 섭취하는 성질이 어떤 조건에서 진화하는지 살펴보았다. 한 종류의 먹이로는 부족할 때 이러한 식성으로 진화하는 것은 당연하다. 여기서 재미있는 점이 있다. 열 가지의 먹이를 먹어야 겨우 살아남을 수 있을 때, 양적으로는 열 번째에 속하는 가장 부족한 먹이가 더욱 중요한 역할을 한다는 사실이다. 이것을 먹지 않아도, 또는 다 먹어버려도 포식자는 멸종한다. 따라서 이 먹이를 잘 활용하는 것이 생사를 가른다. 소수자도 핵심 인물이 되는 것이다.

오쿠토네(奧利根)의 너도밤나무 숲에서 발견한 상사리. 나뭇가지에 달린 새 둥지처럼 생긴 것이 상사리다.

이것은 정치계에서도 볼 수 있는 합종연횡을 방불케 한다. 국회에서 과반수를 확보하려는 거대 정당이 규모가 작은 소수 정당과 연립을 구성할 때 오히려 작은 정당 쪽이 결정권을 쥔다. 때때로 이런 상황이 연출되기는 하지만, 거대 정당이 단독으로 과반수를 확보하는 순간, 작은 정당은 순식간에 영향력을 잃는다.

사치스러운
고민

　일본은 습기가 많아서 마음에 들지 않는다고? 사치스러운 고민이 아닐까. 비가 적게 내려서 농업에 곤란을 겪는 나라가 많으니까 말이다.
　빛만 따지면 광합성에는 건조한 사막이 유리하다. 사막에는 태양광을 가릴 구름이 없어서 매일 강렬한 빛이 내리쬔다. 하지만 비가 별로 내리지 않으면 식물은 잎 표면에 있는 작은 구멍(기공)을 닫는다. 물을 잃지 않으려는 반응이다. 이런 상태로는 광합성에 필요한 이산화탄소를 흡수하지 못해서 광합성량이 극단적으로 줄어든다. 그래서 빛보다도 물의 유무가 광합성량을 결정할 때가 많다.

그런데 비가 많이 내리는 일본에서는 어떤 세기의 빛이 지상에까지 도달하는 것일까. 탁 트인 공간에서 자세하게 빛을 측정해보았다. 당연히 맑은 날 한낮의 빛이 가장 강하다. 아침저녁, 그리고 비가 내리거나 흐린 날에는 빛이 약해진다. 비가 자주 내리는 일본에서는 약한 빛이 비치는 시간이 매우 길다. 그래서 나무들은 광합성의 상당 부분을 약한 빛에 의존해 이뤄낸다.

비가 계속 내려서 일조시간이 적은 장마철. 이런 때에도 식물은 야무지게 광합성을 했다. 그것이 가을의 풍성한 수확을 뒷받침한다. 그렇게 생각하면 장마철의 우울한 기분도 조금 누그러지지 않을까.

일본에 비가 자주 내리는 이유 중 하나는 정기적으로 형성되는 저기압 때문이다. 이 저기압은 히말라야 부근에서 생성된다. 지구 온난화로 기후가 변화한다고 해도 히말라야가 있는 한 일본이 사막화될 염려는 없다고 한다. 그 밖에도 장마, 태풍, 겨울형 기압 배치 같은 기상 현상들이 일본의 강수량을 늘리는 주요 원인이다.

강수량이 많다는 것은 수력발전에 알맞다는 뜻이다. 수력은 가장 확실한 실적을 자랑하는 에너지원이다. 내가 연구 목적으로 방문한 후쿠시마의 다다미강 수계(水系)에는

히말라야의 고봉 칸첸중가. 이런 곳에서 저기압이 생성되어 일본에 비를 뿌린다.

수력발전소가 많고, 단시간이라면 원자력 발전소 1, 2기와 맞먹는 발전량을 낼 수 있다고 한다. 물론 수력만으로 전력 수요를 모두 감당하는 것은 불가능하다. 그렇다고 해서 이용하지 않는 것은 아까운 일이다.

오그라드는
세포

 나에게는 도저히 버릴 수 없는 책이 있다. 학부 시절에 도전했던 구보 료고 선생님의 통계역학(統計力學)이다. 통계역학으로 정의되는 엔트로피를 이해하지 못해서 몇 쪽을 읽다 결국 포기하고 말았다. 그 좌절감이 컸던 만큼 여전히 버리지 못하고 있다.

 내 연구는 얼핏 보면 통계역학과 관계가 없어서 오랫동안 책을 펼쳐볼 생각을 하지 못했다. 그런데 통계역학이 생물학에도 적용될 수 있다는 사실을 알게 되었다. 그 사실을 알고 난 뒤 왠지 모르게 초조해졌다.

 식물이 겨울을 나려면 물 부족을 피해야 할 뿐만 아니

엄동설한에는 바람이 불어오는 방향으로 가지에 눈이 쌓인다. 이때, 세포는 오그라든 상태로 추위를 견딘다.

라 세포가 추위에 강해야 한다. 세포는 내부에 얼음이 생기면 손상되기 때문에, 얼음이 생기지 않도록 하여 추위를 견딘다.

식물은 세포 밖에서 얼음이 생기도록 유도함으로써, 세

포 안의 동결을 피하고 추위를 견딘다.

식물의 세포벽 등 식물 세포 외측을 뒤덮은 물은 담수에 가까운 데 비해 세포 내부의 물은 무기 이온 등을 함유하고 있다. 기온이 영하로 내려가면 먼저 세포 외측의 물이 언다. 그러나 어는점 내림 현상 때문에 다른 물질이 섞여 있는 내부의 물은 잘 얼지 않는다. 기온이 더욱 내려가면 세포 내부의 물은 외측의 얼음에 끌어당겨져 세포 밖으로 이동하여 언다. 이런 현상이 반복되면 세포는 점차 오그라들고 내부는 흐물흐물한 상태가 된다. 그러면 영하 몇십 도가 되어도 세포 내부는 얼지 않는다. 식물은 이러한 세포 외 동결을 통해 시베리아 같은 극한의 환경을 극복한다.

기온이 영하 10도에 이르면 세포는 원래 크기의 10분의 1 정도로 오그라든다고 알려져 있다. 이 수치는 통계역학을 이용해 이론적으로도 구할 수 있다. 물리학과 학생이 리포트를 통해 알려주었다. 그 리포트에는 당연히 엔트로피 공식이 있었다.

내가 학부 3학년이었을 때, 구보 선생님 따님의 리포트를 도와준 일이 있었다. 그 리포트 주제도 세포 안팎으로 드나드는 물에 관한 이야기였다. 언젠가 여유가 생기면 다시 한번 통계역학 읽기에 도전해볼까.

태양광 발전과
식물의 잎

　최근 태양광 발전소가 증가했다. 원자력 발전소 사고를 계기로 관심이 높아진 점, 전력을 비싼 값에 팔게 된 점 등이 설치를 부추긴 듯하다.

　태양광 발전과 식물의 광합성은 서로 닮은 부분이 있다. 광합성에도 빛에너지를 전기에너지로 변환하는 과정이 있기 때문이다. 게다가 에너지의 변환 효율도 닮았다.

　태양광 발전은 어떤 의미에서는 인공 식물이라 할 수 있지만, 식물에는 없는 문제점을 최소한 두 가지는 가지고 있다. 하나는 날씨에 따라 발전량이 크게 변동한다는 점이다. 우리는 항상 전력이 필요하므로 이것은 큰 문제다. 한편 식물은 발전량에 맞춰서 유기물을 만들기 때문에 그러한 변동이 문제가 되지 않는다.

또 하나는 태양광 발전소의 제조와 설치에 필요한 에너지(비용) 문제다. 내가 학부생이었을 때, 설치에서 폐기할 때까지 산출되는 에너지(이득)는 들어가는 비용을 밑돌았다. 즉, 태양광 발전은 실용성이 없는 기술이었다. 지금은 예전에 비해 비용이 줄어들어 그 문제는 해결됐지만, 비용의 감가상각에는 여전히 몇 년이나 걸린다. 발전량 변동에 대비하기 위해 축전지까지 준비해야 한다면 감가상각 기간은 더욱더 늘어난다.

그런 점에서 식물은 놀랄 만큼 효율적이다. 밝은 환경만 주어지면 식물은 겨우 며칠 만에 잎을 만들기 위해 들인 에너지(비용)를 뽑아내고, 그 후에는 계속해서 이익을 낸다. 그 비밀은 얇은 잎에 있다. 얇은 잎을 만드는 비용은 매우 적게 든다. 그런 장점도 있어서 식물체는 하루에 30퍼센트 가까이 성장하기도 한다.

"여름풀이여, 스러져간 무사들의 꿈의 흔적이여"라고 에도 시대 하이쿠 시인 바쇼(1644~1694)가 읊었듯이, 지금 왕성하게 자라는 여름풀은 그 옛날 무사들이 영광을 꿈꾸며 싸

태양광 발전은 식물로부터 배울 점이 많다. 식물은 잎을 만드는 비용이 적게 들기 때문에 단기간에 감가상각을 한다. 태양광 발전에는 비용 절감이 필요하다.

웠던 전장의 기억마저 조용히 덮어버렸다. 태양광 발전으로 사회를 뒷받침한다는 장대한 꿈도 결점을 해결하지 않으면 여름풀에 파묻히기 십상이다. 저비용으로 빠르게 성장하는 식물의 삶은 문제 해결을 위한 힌트가 될지도 모르겠다.

불모의 바다,
풍요의 바다,
죽음의 바다

바다의 풍요로움, 즉 어획량은 아이러니하게도 바다의 '더러움'과 관련이 있다. '더럽다'는 표현이 조금 자극적이지만 실제로 그렇다. 투명하고 맑은 바다에는 물고기가 적고, 다소 더럽고 탁한 바다에는 다양한 물고기가 산다.

더럽고 탁하다는 것은 어류의 먹이가 되는 플랑크톤이 많다는 의미다. 한마디로 바닷물 속에 질소나 인 등 영양소가 많은 것이다. 육지에 가까운 바다의 영양소는 하천수가 그 원천이다. 하천수에 적절한 영양소가 함유되어 있으면 플랑크톤이 증가해서 다양한 어류가 살 수 있다.

사실 삼림에서 흘러나온 강물은 영양소가 부족하다. 질

소나 인은 숲 안에서 끊임없이 순환하기 때문에 비를 타고 강을 따라 바다로 흘러가는 영양소는 매우 적다. 따라서 삼림하고만 이어진 바다는 그다지 풍요롭지 않다. 물론 영양소가 적은 바다를 좋아하는 생물도 있지만, 어획량만 놓고 본다면 이곳은 불모의 바다라고 불러야 할 것이다.

많은 하천의 원류에는 삼림이 있는데 하천이 그대로 바다로 흘러 들어가지는 않는다. 도중에 인간의 생활권을 거쳐 바다로 흘러든다. 이러한 하천수에는 영양소가 많이 포함되어 있다. 농지에서는 작물이 미처 흡수하지 못한 비료가 흘러나오고, 도시에서는 영양소를 고농도로 함유한 하수가 흘러나온다. 하천수에 영양소가 많으면 풍요로운 바다가 된다.

그러나 최근 수십 년간 지나치게 많은 영양분을 함유한 하천수가 바다의 환경을 악화시키는 원인이 되고 있다. 그런 하천수가 유입된 해역에서는 플랑크톤이 급속도로 증식한다. 그 안에는 독소를 포함한 것도 있다. 또, 이 플랑크톤의 사체가 미생물에 의해 분해될 때 바닷속의 산소가 소비되므로 어류를 포함해 많은 생물이 사멸한다. 이런 현상을 적조(赤潮)나 청조(青潮)라고 부른다. 이곳은 죽음의 바다인 것이다.

영양 과잉으로 발생한 적조나 청조를 해결하기 위해 하수 처리 기술이 발달했다. 현재의 하수 처리장에서는 미생물의 도움으로 질소를 제거하고, 화학적인 방법으로 인을 제거한다. 이러한 방법을 하수 고도 처리라고 부른다.

바다 오염은 고도 처리 기술로 해결되는 듯했으나 최근 10년간 예상치 못한 문제가 나타났다. 바다가 자연 상태에 가까워지면서, 즉 영양이 부족해서 물고기나 조개류, 김 등을 수확할 수 없게 되었다. 죽음의 바다를 없애려는 노력이 풍요한 바다를 불모의 바다로 바꿔버린 것이다. 바다의 영양소 부족은 오사카만. 세토내해, 아리아케해, 미카와만 등에서 보고되었다.

인간은 자신들에게 유리한 상태로 자연을 변화시키며 풍요로운 생활을 영위해왔다. 농지에서는 자연스럽게 순환하는 질소를 필요 이상 공급해서 농업 생산성을 높여왔다. 간토평야는 원래 도네강이나 아라카와강이 자주 흐름을 바꾸는 범람원이었는데, 에도 시대에 공사를 통해 범람을 막고 논으로 활용하게 되었다. 바다도 예외는 아니다. 인간 생활의 영향으로 영양분이 많아지며 더 많은 해산물을 얻을 수 있게 되었다.

바다는 자연 그대로의 영양 부족 상태가 좋은 것은 아

기누강의 지류인 이 강은 풍부한 샘물에서 시작된다. 삼림에서 흘러나오는 물은 영양소가 부족하다. 이 맑은 물이 그대로 바다로 흘러가면 하구 부근은 불모의 바다가 된다. 『풍요의 바다』는 미시마 유키오의 유작으로, 그 아름다운 울림이 머릿속에 남아 여기서 제목으로 빌렸다.

니지만, 영양이 지나쳐도 문제가 생긴다. 머지않아 알맞은 하수 처리를 통해 적절한 영양분이 유지되는 풍요로운 바다를 만들려고 시도할 모양이다. 자연을 세세하게 조절하기는 힘든 일이지만, 과학적 식견을 축적함으로써 어려운 문제를 극복할 수는 있다.

여기까지 쓰고 보니 새삼스럽게 이런 생각이 든다. 나는 과학을 정말 좋아하는구나.

일왕의 밤나무

닛코식물원 옆에는 구 다모자와(田母沢) 황실 별장이 있다. 이곳을 피서지로 이용한 다이쇼 일왕(1879~1926)은 식물원의 높직한 언덕을 마음에 들어 했다. 이 언덕에서 모자를 벗어 작은 밤나무에 걸어두고 닛코의 산줄기를 바라보았다고 한다.

21세기에 들어와 궁내청(일본의 황실 업무를 담당하는 행정기관-옮긴이)은 다이쇼 일왕의 실록을 공개했다. 다이쇼 일왕은 알려진 소문과는 달리 훌륭한 문인이었다고 한다. 실록에는 「닛코 피서」라는 한시가 기록되어 있다.

帝都炎暑正鑠金 遠入晃山養吟心

離宮朝夕凉味足 四顧峯巒白雲深

有時園中試散歩 花草色媚綠樹陰

曲池水淸魚亦樂 徘徊不知夕日沈

도쿄의 더위는 금속도 녹일 만하니

머나먼 닛코의 산을 찾아와 시심을 키워본다

별궁에서 맞는 아침저녁은 참으로 시원하고

건너다본 산줄기에는 흰 구름이 걸려 있다

식물원을 산책해보았더니

꽃과 풀은 곱고 나무는 녹음이 진다

연못물은 맑고 물고기도 즐거운 듯하다

여기저기 걷다 보니 해지는 것도 잊었다

식물원을 산책하다 보면 시간이 너무 빨리 지나가 해가 지는 것도 잊었다고 한다. 대만의 한 연구자는 한시의 내용과 그 안에 담긴 음률을 높이 평가했다. 현재 이 한시는 기념비에 새겨져 있다. 장소는 당연히 밤나무 언덕이다.

2015년 가을, 당시 일왕 부부의 행차가 예정되어 있었다. 그때 이 기념비를 보여드릴 예정이었으나 직전에 발생한 기누강 범람으로 취소되고 말았다. 안타깝지만 홍수가

다이쇼 일왕과 인연이 있는 밤나무는 거목이 되어 매년 자그마한 열매를 떨어뜨린다. 이것은 산밤나무라고 불리는 야생 밤나무다. 열매는 작지만 맛은 괜찮다.

난 강을 복구하는 것이 먼저다. 다이쇼 일왕과 인연이 깊은 밤나무는 100년을 살아온 거목이 되어 더는 모자를 걸 수 없다. 밤나무 언덕은 현재의 아키히토 상왕이 처음으로 스키에 도전한 곳이라는 일화가 전해진다. 별장에 피신해 있던 태평양전쟁 중의 일이다.

한시에 등장한, 즐거운 듯 헤엄친다는 물고기는 상류에서 떠내려온 곤들매기일 것이다. 늦가을, 연못물을 빼면 곤들매기가 잔뜩 잡힌다. 밤나무 열매도 가을의 즐거움이다. 그러나 아침 일찍 벌어지는 원숭이와 열매 쟁탈전에서 이기지 않으면 맛볼 수 없다.

이 식물원의 가치 중 하나는 100년에 걸쳐 전해오는 식물들의 이야기가 있다는 점이다. 여기에 더해 격동의 근대사를 겪은 인간의 역사도 외전으로 함께 전하고 싶다.

에필로그가 없는 이야기

고요한 겨울밤, 문득 옛날에 들었던 말이 떠올랐다.
"지식의 양은 도형의 면적과 같다."

새로운 지식이 더해지면 면적이 늘어나 바깥 둘레가 커진다. 바깥 둘레는 미지의 세계로 통하는 경계선이고, 그것은 미지라는 영역의 크기를 헤아릴 수 있는 척도가 된다. 지식이 늘어나면 모르는 일이 많다는 사실을 깨닫는다는 의미인 듯하다. 어쩌면 소크라테스가 이야기한 '무지(無知)의 지(知)'를 바꾼 말일 뿐인지도 모른다.

나의 연구 생활은 바로 그 말 그 자체다. 대학원에 들어갔을 때의 나는 지식이 부족해서 미지의 지식이 무엇인지

짐작도 하지 못하고, 스스로 연구 주제를 선정하지도 못했다. 교원이 된 후에도 그런 망설임은 계속되었다. 여전히 지식의 둘레가 작아서 대학원생들의 연구 주제 선정으로 이래저래 고민했다. 다행히도 그들은 내가 대학원에 다녔을 때보다 폭넓은 지식을 갖추었다. 그들이 독자적인 연구를 진행하면서 내 지식의 둘레도 커졌다. 덕분에 나 자신이 파고들어야 할 주제가 분명해졌다. 지금에 와서야 겨우 연구 논문 이외의 다른 글도 쓰고 싶다는 생각이 들었다.

그 무렵, 도쿄대학 출판회에서 발행하는 정기 간행물 『업(UP)』에 연재해보지 않겠느냐는 제안을 받았다. 처음엔 금세 쓰고 싶은 주제가 바닥나지 않을까 걱정했지만, 편집자의 든든한 도움 덕분에 무려 4년간 48회에 걸쳐 연재를 이어갈 수 있었다. 이 책은 그 연재에 새로운 내용을 더해서 펴낸 것이다. 가필한 부분에서는 연재가 끝난 후에 진행된 연구를 참고해서 좀 더 다면적인 발상으로 식물의 생활을 소개했다. 시간과 함께 지식의 둘레, 즉 미지의 세계도 넓어졌다는 점에 유의하며 최대한 솔직하게 썼다. 이 책을 통해 여러분도 지식의 둘레가 커지고 식물에 대해 더 큰 관심이 샘솟는다면 나름대로 성공일 텐데……. 과연 잘됐는지 모르겠다.

영화나 소설에는 결말이 있고, 그 안에는 대부분 카타르시스가 준비되어 있다. 그러나 연구는 끝이 없는 이야기다. 이 책은 이야기의 단 1막을 소개했을 뿐이어서 이야기를 마치는 에필로그는 쓰지 않으려 한다. 아쿠타가와 류노스케처럼 말하자면 연구자는 결국 '한순간의 불꽃'일 뿐이다. 그러나 그 불꽃이 그다음 불꽃의 도화선에 불을 붙이고, 새로운 막이 오른다. 에필로그가 없는 이야기는 기대감으로 가득하고, 그래서 더욱 영원히 신선하게 느껴진다.

100년 식물원에서 배운 자연의 언어
식물학자가 산책하는 법

초판 1쇄 발행 2025년 8월 13일
초판 2쇄 발행 2025년 11월 20일

지은이 **다테노 마사키**
디자인 표지 **강경신** 본문 **박재원**
교정교열 **남은영**

펴낸곳 **브리드북스** 펴낸이 **이여홍**
출판등록 제 2023-000116호(2023년 10월 11일)
주소 서울시 마포구 토정로 222 306호
이메일 breathebooks23@naver.com

ISBN 979-11-985453-8-1(03480)

· 책값은 뒤표지에 있습니다.
· 파본은 구입하신 서점에서 교환해 드립니다.
· 이 책은 저작권법에 의하여 보호를 받는 저작물이므로 무단 전재와 복제를 금합니다.